科技之舟——
大学如何推动技术转移与成果转化

路成刚　高艳娜　著

中国建筑工业出版社

图书在版编目（CIP）数据

科技之舟：大学如何推动技术转移与成果转化 / 路成刚，高艳娜著 . -- 北京：中国建筑工业出版社，2024. 8. -- ISBN 978-7-112-30243-7

Ⅰ . F113.2；N34

中国国家版本馆 CIP 数据核字第 2024W7J095 号

责任编辑：曹丹丹　张伯熙
责任校对：赵　力

科技之舟——大学如何推动技术转移与成果转化

路成刚　高艳娜　著

＊

中国建筑工业出版社出版、发行（北京海淀三里河路9号）
各地新华书店、建筑书店经销
北京点击世代文化传媒有限公司制版
建工社（河北）印刷有限公司印刷

＊

开本：787毫米×1092毫米　1/16　印张：6　字数：81千字
2024年11月第一版　2024年11月第一次印刷
定价：**48.00** 元
ISBN 978-7-112-30243-7
　　（43635）

在 21 世纪的知识经济时代，技术转移与成果转化已成为推动科技进步和促进经济社会发展的关键环节。大学，作为知识的殿堂和创新的重要基地，在此过程中发挥着举足轻重的作用。本书深入探讨了大学在技术转移过程中的角色、功能、模式、挑战及对策，同时对未来趋势进行了前瞻性分析，旨在为相关领域的研究与实践提供宝贵参考和启示。

书中首先明确技术转移与成果转化的概念和内涵，并梳理了国际与国内的发展现状。在此基础上，系统构建了大学技术转移与成果转化的理论框架，深入剖析了大学在人才培养、科研创新、知识产权管理、商业化途径、政策与监管环境以及资金与投资等方面的多维功能。本书还详细分析了技术转移的各种模式与策略，并提出了有效推动技术转移与成果转化的实践建议。

为了生动展现理论与实践的结合，书中通过国内外案例研究，剖析了大学技术转移与成果转化的成功实践。案例包括斯坦福大学与硅谷的互动、剑桥大学的科技园区，以及国内的清华科技园、北大科技园等。这些案例不仅提供了具体实例，也为相关领域的研究与实践提供了有益借鉴。

尽管取得了显著成就，但大学在技术转移与成果转化过程中仍面临知识产权保护、利益分配机制等方面的挑战。第 6 章专门探讨了这些挑战，并基于深入分析提出了对策和建议。例如，提倡建立完善的知识产权法律法规，确保创新成果得到有效保护和利用；倡导公正、透明的利益共享机制，激励科研人员和大学积极参与。

本书的最后部分展望了技术转移与成果转化的未来趋势，并探讨了大学可能面临的新角色和挑战，对未来研究的方向和政策建议进行了深入思考。这不仅为后续研究提供了宝贵启示，也为制定政策和实践活动提供了有益指导。

总体而言，本书全面探讨了大学在技术转移领域的角色和功能、遵循的技术转移模式、面临的挑战以及采取的对策。它为科技转移与成果转化领域的研究者和实践者提供了系统的理论框架和丰富的实践案例，为推动大学技术转移和成果转化的研究与实践工作提供了有力支持和深刻启示。相信本书出版后将为推动大学与社会、产业的深度融合和协同发展提供理论支持和实践指南。

目 录

CONTENTS

第1章 绪 论 001

1.1 科技之舟的引喻：大学在技术转移中的角色与挑战 002

1.2 科技之舟的导航者：大学的角色与使命 003

1.3 科技之舟的航行路线：技术转移的模式与实践 004

第2章 大学技术转移与成果转化的理论基础 009

2.1 技术转移与成果转化的定义与内涵 010

    2.1.1 技术转移的内涵与外延 010

    2.1.2 成果转化的定义与阶段 011

    2.1.3 技术转移与成果转化的核心要素 012

2.2 大学技术转移的国际与国内现状 014

    2.2.1 国外大学技术转移的典型模式 016

    2.2.2 国内大学技术转移的现状与挑战 017

2.3 大学技术转移与成果转化的理论框架 019

    2.3.1 技术转移的理论模型 019

    2.3.2 成果转化的驱动因素与障碍 021

第3章 大学在技术转移中的角色与功能 023

3.1 大学作为知识创新主体的重要性 024

    3.1.1 大学的科研产出与创新能力 024

3.1.2 大学的科研评价体系改革   025

  3.2 大学与企业、政府的关系与互动   026

   3.2.1 产学研合作模式与实践   027

   3.2.2 政府在技术转移中的角色与政策支持   028

  3.3 大学在技术转移中的具体功能   029

   3.3.1 人才培养：创新型人才的培育机制   029

   3.3.2 科研创新：实验室到市场的转化过程   031

   3.3.3 社会服务：大学的社会责任与科技成果的社会化   032

第4章 大学技术转移与成果转化的模式与策略   035

  4.1 技术转移的传统模式   036

   4.1.1 知识产权转让的运作机制与利益分配   037

   4.1.2 校企合作模式与实践案例   038

   4.1.3 科研成果产业化的路径与障碍   039

  4.2 当前趋势与新型模式   041

   4.2.1 开放科研的兴起与实践   041

   4.2.2 总包科研的创新机制与挑战   042

   4.2.3 技术孵化器的运营模式与发展趋势   044

  4.3 大学推动技术转移与成果转化的策略与实践   046

   4.3.1 技术转移的政策支持体系   047

   4.3.2 技术转移的组织架构与管理机制   048

   4.3.3 技术转移的人才队伍建设   050

第5章 大学技术转移与成果转化的案例研究   053

  5.1 国外案例   054

   5.1.1 斯坦福大学与硅谷的技术转移案例分析   054

   5.1.2 剑桥大学科技园的成功经验与启示   055

  5.2 国内案例   056

5.2.1　清华科技园的技术转移与成果转化实践　056

5.2.2　北大科技园的创新生态与支持体系　057

5.3　案例分析与启示　058

5.3.1　技术转移与成果转化的成功因素与关键点　059

5.3.2　对我国大学技术转移与成果转化的借鉴意义　061

第6章　大学技术转移与成果转化的挑战与对策　063

6.1　技术转移中的知识产权保护问题　064

6.1.1　知识产权保护的法律制度与实践　064

6.1.2　技术转移中的知识产权纠纷与解决机制　066

6.2　技术转移的利益分配机制问题　068

6.2.1　技术转移中的利益冲突与平衡　069

6.2.2　利益分配的制度设计与激励机制　070

6.3　促进大学技术转移的政策建议与制度创新　071

6.3.1　加强技术转移的法律保障与政策支持　072

6.3.2　优化技术转移的组织架构与管理模式　073

6.3.3　建立多元化的技术转移融资渠道　075

第7章　未来展望与研究方向　077

7.1　技术转移与成果转化的未来趋势　078

7.1.1　技术创新的加速化与全球化趋势　078

7.1.2　技术转移的政策环境与市场机遇　079

7.2　大学在技术转移中的新角色与新挑战　080

7.2.1　新兴技术在技术转移中的重要性与挑战　080

7.2.2　技术转移中的人才需求与培养模式变革　082

7.3　对未来研究的建议与展望　083

7.3.1　加强技术转移的理论研究与实践经验的总结　084

7.3.2　关注新兴技术在技术转移中的应用与发展趋势　085

第 1 章

绪 论

1.1 科技之舟的引喻：大学在技术转移中的角色与挑战

在 21 世纪知识经济的背景下，大学已经超越了传统的学术研究边界，转型为科技创新和技术转化的关键枢纽。这一转变，使得大学成为推动技术转移和成果转化的关键力量，宛若一艘航行在知识海洋中的科技之舟，对经济社会发展起着不可或缺的推动作用（图 1-1）。

作为汇聚众多科研成果和创新技术的重地，大学担负着推动这些成果和技术从理论走向实践，最终转化为推动经济社会发展的强大动力的重任。这一过程中，大学不仅是创新的发源地，同时也肩负着培育创新人才和提供社会服务的双重使命。

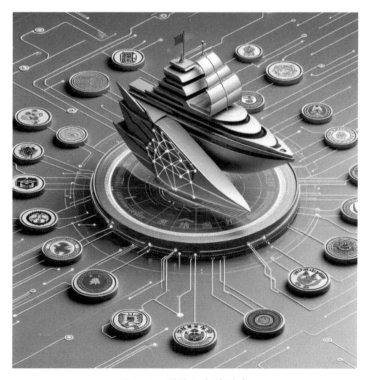

图 1-1 科技之舟的引喻

大学在技术转移中的价值不仅体现在其科研成果的产出上，更在于其对经济社会发展的深远影响。通过有效的技术转移，大学有能力将科研成果转化为实际生产力，促进产业升级和经济增长。在此过程中，大学还培育了一大批具有创新精神和创业能力的人才，为社会注入了持续的创新活力。

然而，技术转移的道路并非一帆风顺。大学需要面对快速变化的技术环境、技术转移过程中的诸多障碍，以及与社会需求的对接等诸多挑战。面对这些挑战，大学必须不断探索和实践，优化自身的科研方向和技术路线，加强与企业、政府等各方面的合作与交流，以推动科技成果实现更广泛的应用。同时，大学还需要建立健全创新体系和激励机制，激发更多科研成果和创新技术涌现，为经济社会的持续发展注入新的活力。

1.2　科技之舟的导航者：大学的角色与使命

作为知识创新的核心，大学在技术转移方面扮演着至关重要的角色。首先，大学通过其广泛的科研活动产出大量创新成果，为技术转移提供丰富的资源。其内部的创新体系和激励机制也对促进科技成果的产生及其转化起到关键推动作用。为进一步加强这一作用，大学正致力于增强自身的创新能力并完善激励机制，例如通过设立科技创新基金、提供科研支持等措施，鼓励教师和学生投身创新研究。其次，建立专门的科技成果转化中心，以专业化服务支持科技成果的转化工作，也是其关键举措之一。

除了上述角色，大学还担负着人才培养和社会服务的重要职责。通过产学研一体化模式，大学培养了一批具有创新精神和创业能力的人才，他们在技术转移过程中发挥了关键作用，同时也为社会经济发展提供了强有力的人才支持。通过提供社会服务和技术咨询，大学进一步发挥了其在技术转移领域的功能并扩大了影响力。与此同时，大学与企业、政府的紧密合作和交流，不仅促进了科技成果与社会需求的联系，而且推动了科技成果的社会化进程。

尽管大学在技术转移领域发挥着重要作用，但它也面临诸多挑战和问题。随着技术的快速演进和市场环境的变化，大学需要不断调整科研方向和技术路线，以适应新的市场需求和技术趋势。此外，技术转移过程中的利益冲突和协调问题也需要得到有效解决。大学需在确保技术顺利转移和成果有效转化的同时，保护知识产权，合理分配利益，减少利益冲突和纠纷的风险。

为应对这些挑战，大学采取了系列措施，包括加强与企业和政府的合作，建立长期稳定的合作关系，以更好地理解市场需求和技术趋势，提高技术转移的效率和成功率。同时，加强知识产权保护并健全利益分配机制，确保各方利益得到妥善保障。此外，大学还需建立健全的技术转移机构和人才培养体系，提供专业化的服务支持和人才保障，以促进技术转移的可持续发展。

在全球化的背景下，大学也在关注国际技术转移的趋势和经验，加强国际合作与交流，共同推动全球技术转移的发展。通过参与国际技术转移活动，大学能够引入先进的技术和管理经验，提升自身的创新能力和技术水平，进一步拓展技术转移的国际市场。

总之，大学在技术转移中不仅作为创新成果产出的主体，还负责人才培养和社会服务，同时面对市场适应、利益协调等挑战。通过健全内部创新机制、深化与各方的合作，以及积极参与国际交流，大学在技术转移领域正发挥着更大的作用和影响力。

1.3 科技之舟的航行路线：技术转移的模式与实践

技术转移，作为科技创新生态系统的核心环节，指的是将特定技术从其起源地向其他组织或地域转移，以促进其商业化、普及化和产业化。这一过程不仅包括技术的传播和接收，还涵盖了技术的适应和应用，对推动经济增长和社会发展起着至关重要的作用。通过采用恰当的转移模式、建立高效的沟通渠道、妥善管理知识产权、培育相关人才以及不断进行改进，可以有效促进技术转移，实现技术的商业和产业应用。

1. 技术转移的模式

技术转移涉及多种转移模式，每种模式适应不同的技术类型、市场需求和合作关系（图 1-2）。

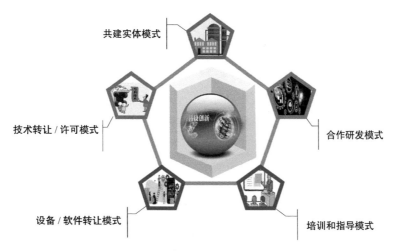

图 1-2　常用的技术转移模式

（1）合作研发模式

这种模式涉及两个或更多的组织协作，通过共同的投资和资源共享，共同研发新技术或新产品。

（2）技术转让 / 许可模式

在此模式下，技术所有者授予其他组织使用某项技术的权利，以换取费用或其他特权。

（3）设备 / 软件转让模式

这涉及设备或软件的所有权从一方转移到另一方。

（4）培训和指导模式

在这种模式中，一方提供培训和指导，帮助另一方掌握和应用特定技术。

（5）共建实体模式

此模式涉及两个或更多的组织合作，共同投资建立新的实体，以开发和应用新技术。

技术转移模式是否合适取决于多种因素，包括但不限于技术的性质、市场需求、可用资源、合作方的目标和利益。成功的技术转移实践需要深入分析当前情况和目标，选择最合适的转移模式，并制订周密的实施计划和策略。

为便于选择适合的模式，本书将五种常用技术转移与成果转化模式的主要特点、优势和潜在挑战进行对比，见表1-1。

五种常用技术转移与成果转化模式对比分析　　　　表1-1

模式	主要特点	优势	潜在挑战
合作研发模式	两个或多个组织合作共同研发新技术或产品	资源共享，风险分担，促进创新	需要有效的协作和沟通，知识产权分配可能较为复杂
技术转让/许可模式	技术所有者将技术使用权许可给其他组织	快速进入市场，降低开发成本和风险	可能涉及严格的使用限制，许可费用可能较为高昂
设备/软件转让模式	将特定设备或软件的所有权转让给另一方	直接获取成熟技术，缩短项目时间	需要充分的培训和支持，可能存在技术适应性问题
培训和指导模式	通过培训和指导将知识和技能转移给其他组织	增强受训方的自主能力，获取长期效益	培训过程耗时耗力，效果依赖于受训方的学习能力
共建实体模式	建立一个新的实体或组织来共同开发和管理技术或产品	充分整合资源，共同承担风险和收益	初始投资大，管理和运营复杂，利益分配可能引发争议

2. 技术转移成功的几个关键因素

为了确保技术转移的成功，还需要考虑以下几个关键因素。

①建立有效的沟通渠道：确保各方之间的信息交流畅通，及时解决问题，消除障碍。

②管理知识产权:保护知识产权至关重要,以避免侵权和技术盗窃,确保技术转移遵守相关法律和伦理规范。

③建立合作关系:协调各方目标和利益,共同推动技术转移的成功实施。

④培养技术转移人才:通过提供培训和教育计划,培养具备必要技术转移能力的人才。

⑤持续改进和优化:技术转移是一个持续的过程,需要不断监控和分析,及时采取改进措施,提高技术转移的效果和质量。

通过综合考虑和利用这些关键因素,技术转移可以更加顺畅高效,从而促进技术的广泛应用,推动经济和社会的持续发展。

第 2 章
大学技术转移与成果转化的
理论基础

2.1 技术转移与成果转化的定义与内涵

2.1.1 技术转移的内涵与外延

技术转移，作为科技创新链中的关键环节，致力于将某领域的技术从其起始点转移到其他组织或地域，目的在于实现该技术的商业化、普及化和产业化。该过程远不止技术简单地流动和传播，它的核心在于技术创新的实施、应用及其价值的创造。

技术转移的核心在于促进技术的流动和传播，这一过程覆盖了从基础研究到实际应用的全链条，并涉及技术的提供者和接受者之间的交互与合作。技术转移不仅是对现有技术的简单传递，更是一个激发技术的创新、实现和推动的动态过程。技术的传递推动了新技术的研发、应用和普及，从而促进了经济和社会的发展。技术转移的最终目的是确保技术的实际应用和价值实现，只有当技术真正融入实际生产或服务中，才能充分发挥其潜在价值，提升整体的生产效率或服务质量。

技术转移的范围广阔，不仅限于单个企业或地区，而是跨越组织、国界，甚至扩展至全球。随着全球化的加深，技术转移已经成为国际合作和交流的关键部分。参与技术转移的主体众多，包括技术提供者、接受者和中介机构等，他们各司其职，共同推动技术转移的进程。技术转移的机制也是多样化的，包括市场驱动、政府政策引导、产学研联合等，这些机制相互作用，形成了一个复杂而有序的技术转移体系。

为了更有效地促进科技成果的转化和应用，从而为经济社会发展注入新的动力，我们需要深刻理解技术转移的内涵和外延，并积极实施有效的策略和措施。在此基础上，我们可以采取多种策略，比如建立高效的技术转移平台、强化国际科技合作、改善知识产权管理等，以推进技术转移的顺利实施。表2-1简要描述了这些策略的主要特点和优势。

常用技术转移策略的特点和优势　　表 2-1

策略	特点	优势
建立高效的技术转移平台	提供专业化服务和资源整合	促进信息共享，提高转移效率
强化国际科技合作	跨国界的资源和知识交流	促进创新思维的碰撞，提升技术水平
改善知识产权管理	保护创新成果，合理分配权益	降低纠纷风险，促进技术市场化

通过对这些策略的有效融合和实施，我们有望在技术转移领域取得更加显著的成就，最大化地利用科技成果，为社会的持续发展注入新的活力。

2.1.2　成果转化的定义与阶段

成果转化是将科技创新成果转换为市场上有竞争力的产品或服务的过程，旨在实现科技成果的经济价值和社会效益。这一过程是复杂且系统的，涉及多个阶段，每个阶段均有其特定的任务和要求（图 2-1）。

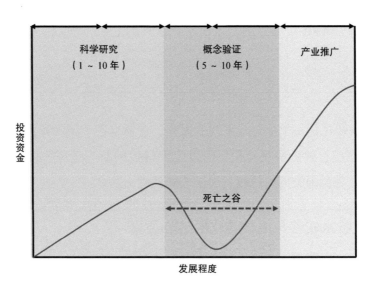

图 2-1　技术转移与成果转化各阶段及发展规律

在成果转化的初始阶段，主要进行基础研究和应用研究。科研人员在此阶段致力于探索新的科学原理和开发创新技术，为后续成果的转化奠定坚实的基础。

紧接着是关键的商业化阶段。在此阶段，科技成果通过转让、许可、出资、融资等多种方式，转化为具有市场竞争力的产品或服务。这一转化过程往往需要产业界和投资界的合作，确保科技成果能够在实际生产中得到应用，并实现其经济价值。

最终，成果转化进入产业化阶段。在这一阶段，科技成果经历中试、试销、投产等多个环节，完成从样品到商品的转变。此阶段要求将科技成果与产业生态系统有机结合，构建稳定的生产和销售渠道，形成规模经济，以扩大市场份额。

表 2-2 直观而简明地描述了成果转化的各个阶段和特点。

技术转移与成果转化各阶段对比　　　　　　　表 2-2

阶段	特点	任务
初始阶段——科学研究	探索新科学原理，开发新技术	奠定成果转化基础
关键阶段——商业化	将科技成果转化为有市场竞争力的产品或服务	与产业界和投资界合作，将成果应用于生产
最终阶段——产业化	实现样品到商品的转变，形成规模经济	结合产业生态系统，建立生产和销售渠道

成果转化是一个综合且系统的过程，它要求各个阶段和各方面紧密协作。通过有效的成果转化，可以实现科技创新与经济社会发展的深度融合，并为国家的可持续发展注入新的动力。

2.1.3　技术转移与成果转化的核心要素

技术转移和成果转化的过程确实涉及多个核心要素，这些要素共同构成了科技创新体系的动力源泉。

1. 技术转移的核心要素

（1）内在机制与过程

技术转移是一个复杂而多变的过程，涉及从实验室到市场的多个步骤。技术的生命周期理论在这里发挥关键作用，提供了技术从诞生、成熟到衰退的整个周期视图，为技术转移提供了策略和路径指导。

（2）市场需求对接

技术转移成功与否很大程度上取决于其与市场需求的契合度。大学和研究机构需要密切关注市场需求的变化，及时调整研究方向和成果定位。

（3）政策支持与利用

政策的支持对技术转移至关重要，它可以激发科技创新的活力，为技术转移提供必要的资源和环境。

（4）技术成熟度

技术成熟度决定了其转化和应用的可能性。只有当技术达到一定的成熟度，才能进行有效的转化和商业化应用。

2. 成果转化的核心要素

（1）市场需求对接

了解并对接市场需求是成果转化的前提，只有满足市场需求的成果才能成功转化为产品或服务。

（2）政策环境

政策支持可以为成果转化提供资金、技术和市场等方面的便利条件。

（3）产业生态系统

一个健康的产业生态系统可以提供必要的生产、销售和服务渠道，有助于科技成果的产业化。

（4）资源整合能力

成果转化需要整合研发、生产、销售等多方面的资源，这要求转化主体具备强大的资源整合能力。

技术转移与成果转化之间存在密切的互动关系。协同创新机制在这一过程中起到关键作用，通过整合来自大学、企业、政府、研究机构等多方面的资源，降低风险，实现共赢，推动技术转移和成果转化的顺利进行。大学在这个过程中扮演着重要角色，通过与不同合作伙伴的紧密合作，不仅可以将自身的研究成果转化为实际应用，还能通过持续的合作推动技术的持续创新和发展。

表2-3、表2-4描述了技术转移和成果转化的核心要素。

技术转移的核心要素   表 2-3

要素	说明
内在机制与过程	涉及从实验室到市场的转化路径，技术生命周期理论提供策略指导
市场需求对接	密切关注市场需求变化，及时调整研究方向和成果定位
政策支持与利用	利用政策支持激发活力，为技术转移提供必要的资源和环境
技术成熟度	保证技术达到一定成熟度以实现有效转化和应用

成果转化的核心要素   表 2-4

要素	说明
市场需求对接	了解并对接市场需求是成功转化的前提
政策环境	政策支持为成果转化提供便利条件
产业生态系统	提供生产、销售、服务渠道，助力科技成果产业化
资源整合能力	成果转化需整合研发、生产、销售等资源，转化主体需具备强大资源整合能力

通过对这些核心要素的深入理解和有效实施，可以促进技术转移和成果转化的顺利进行，进而推动科技成果的转化和应用，为经济社会的发展注入新的生命力。

2.2 大学技术转移的国际与国内现状

在全球范围内，大学作为科技创新的重要源泉，在技术转移方面的作用日益受到关注。技术转移指的是将大学或研究机构创造的知识、技术和成果有效转化为具有商业价值和社会效益的商品或服务的过程。这一过程不仅涉及知识的传播，更关注技术和成果的商业化、产业化和社会化。

1. 国际现状

在国际层面，技术转移的趋势日益增强。随着全球化的深入，各国之间技术的交流与合作变得更加频繁和紧密。跨国技术转移已成为一种常态，众多国家积极寻求与国际伙伴的技术交流与合作。在发达国家中，大学是科技创新的主要源泉，其技术转移活动已形成了成熟和高效的体系。这些国家通过建立技术转移机构、制定相应政策、加强知识产权保护等措施，鼓励并推动大学与企业间的技术转移合作。同时，发达国家也重视国际技术转移合作，通过参与国际科技项目、建立国际技术转移网络、进行跨国技术转让等方式，与其他国家共享科技成果和创新资源。然而，国际技术转移也面临诸多挑战和风险，如知识产权保护、技术转让的公平性和透明度等问题。因此，在推动技术转移的过程中，需要加强国际合作与交流，制定国际技术转移规则和标准，以促进技术转移的健康发展。

2. 国内现状

在国内，政府高度重视并大力支持大学的技术转移工作。政府出台了一系列政策措施，鼓励并推动大学与企业之间的技术转移合作。这些政策措施包括知识产权保护、税收优惠、资金扶持等多个方面，为大学技术转移提供了强有力的政策保障和支持。同时，国内许多高校也建立了技术转移机构或相关组织，负责科技成果的转化和技术转让工作。这些机构通过与企业合作、开展产学研合作、举办技术交流活动等方式，积极推动大学与企业间的技术转移合作。此外，高校还注重培养具备技术转移能力的人才队伍，加强科技成果的宣传和推广，以提高科技成果的转化率和产业化率。然而，与国际先进水平相比，我国大学技术转移工作仍存在一定的差距和不足之处，例如，部分科技成果的市场适应性有待提高，知识产权保护需进一步加强，技术转移的专业人才队伍建设需要完善等。因此，我国需要不断加强大学技术转移工作，完善相关政策体系和机制，以推动科技成果更好地转化，为国家经济发展和社会进步作出更大贡献。

3. 未来展望

大学技术转移已成为全球科技创新的重要组成部分。我国在这一领域取得了一定成绩,但仍需持续努力。未来,我国应继续深化产学研合作、加强技术转移平台建设、完善技术转移政策体系,以推动科技成果更好地转化,为国家经济发展和社会进步贡献更大力量。

2.2.1 国外大学技术转移的典型模式

国外大学在技术转移方面采取了多样化的模式,每种模式都有各自的特点和优势,并共同强调科技成果的转化、商业化以及与市场需求的密切结合。这些成功的案例为我国大学技术转移提供了宝贵的借鉴经验。下面是几种国外大学常见的技术转移模式(表2-5)。

1. 技术转移办公室(OTT)模式

代表大学:美国斯坦福大学

特点:设立技术转移办公室负责知识产权管理、技术转让和商业化。OTT模式通过与校内外研究者、企业及政府机构的紧密合作,确保科技成果能够快速、有效地转化。这一模式使美国大学成功地将大量科技成果转化为具有商业价值的产品和服务,为国家经济发展作出了重要贡献。

2. 孵化器模式

代表大学:英国剑桥大学

特点:通过建立孵化器为创业团队提供必要的资源和支持,如资金、场地、导师等,帮助他们将科技成果转化为具有市场竞争力的产品或服务。英国的大学通过孵化器模式成功培养了一批高成长性的创新企业,为国家创新发展注入了活力。

3. 政产学研结合模式

代表大学:德国史太白大学

特点:政府、企业、大学与研究机构共同参与,推动科技成果的转化。该模式注重实践应用和商业化,将学术研究与市场需求紧密结合。

德国的大学通过政产学研结合模式成功将科技成果转化为具有实用价值的产品或服务，为国家技术创新和产业发展作出了贡献。

4. 知识产权商业化模式

特点：一些大学通过建立知识产权商业化公司或类似组织，将科技成果转化为具有商业价值的产品或服务。该模式注重知识产权的保护和商业化，以实现科技成果的经济效益。通过知识产权商业化模式，国外大学成功保护和利用了自身的科技成果，为社会创造了巨大的经济价值。

不同技术转移模式的国外大学　　　　　　　　表 2-5

模式	国外大学
OTT 模式	麻省理工学院、斯坦福大学、加州大学伯克利分校、康奈尔大学、哈佛大学
孵化器模式	剑桥大学、牛津大学、悉尼科技大学、加州大学圣地亚哥分校
政产学研结合模式	史太白大学、代尔夫特理工大学、瑞士联邦理工学院、新加坡国立大学、昆士兰科技大学
知识产权商业化模式	加州大学、密歇根大学、悉尼大学、耶鲁大学、爱丁堡大学

这些多样化的模式展现了国外大学在技术转移方面的灵活性和创新性，为我国大学在该领域的发展提供了有益的启示和参考。

2.2.2　国内大学技术转移的现状与挑战

国内大学在技术转移工作中面临一系列挑战，尽管拥有众多科技成果，但其实际转化率并不高，许多成果未能有效转化为具有市场价值的产品或技术。这一现状受到内在因素和外部环境的共同影响。

1. 技术转移过程中面临的主要挑战

（1）资金问题

科技成果从实验室走向生产线的过程需要资金支持。目前资金支持体系不够完善，导致一些有潜力的科技成果难以实现有效转化。

（2）政策环境需优化

虽然政府出台了鼓励技术转移的政策，但在实际操作中存在落实和执行问题，影响科技成果的转化效果。

（3）企业合作积极性不高

一些企业对高校的技术成果持有疑虑，合作意愿不强，且对技术转移的认知和接受程度有待提高。

（4）技术转移人才队伍建设不足

国内高校缺乏从事技术转移的专业人员，且缺乏系统的培训和成长机制，限制了技术转移团队的整体素质和能力的提升。

（5）科技成果评价机制不完善

现有科技成果评价体系偏重学术论文发表和项目验收，而忽视了成果的市场应用价值和商业化前景。

（6）中试实验环节薄弱

中试实验是科技成果从实验室到生产线的关键步骤，但目前国内大学对这一环节的投入相对较少且实验能力相对较弱。

2. 为应对这些挑战，国内大学需要采取以下措施

（1）加强与企业的合作

建立更紧密的产学研合作机制，促进高校科技成果与企业需求的有效对接，提高企业合作的积极性。

（2）完善资金支持体系

优化资金支持政策，完善资金投入机制，确保有潜力的科技成果能获得足够的财政支持，促进其顺利转化。

（3）优化政策环境

评估现有鼓励技术转移的政策，解决实际执行中的问题，确保政策更有效地促进科技成果转化。

（4）培养技术转移专业人才

加强对技术转移工作人员的培训并完善人才成长机制，提升整体素质和能力，满足技术转移工作的需求。

（5）完善科技成果评价机制

调整评价体系，提高对成果市场应用价值和商业化前景的重视程度，确保评价机制更全面、有针对性。

（6）加强中试实验环节建设

投入更多资源加强中试实验环节的力量，增加实验设备，提高技术水平，确保科技成果能顺利从实验室走向生产线。

大学还应不断增强科研实力，提高创新意识，以更好地服务于国家和社会的发展需求。通过综合性措施的实施，可以有效推动科技成果的转化，为国家的发展注入新的动力和活力。

2.3　大学技术转移与成果转化的理论框架

2.3.1　技术转移的理论模型

技术转移的理论模型为探讨大学、政府和企业之间的相互作用，以及在技术转移过程中不同创新机构之间的复杂互动提供了宝贵的洞察视角。以下是几种主要的理论模型及其在技术转移过程中的应用价值。

1. 三重螺旋模型理论

由亨利·埃茨科威茨和罗伊特·劳德斯多夫提出，描述了大学、政府和企业在知识商品化的不同阶段的多层次互动关系。该模型揭示了这三个创新主体在技术转移过程中的相互作用和演变过程，形成了一个螺旋式的创新模型，有助于理解不同阶段创新主体间的动态关系，为政策制定和实践提供理论指导（图 2-2）。

2. 产学研合作理论

强调大学、企业和研究机构之间建立紧密的合作关系，通过资源共享和优势互补，推动科技成果的转化和商业化。该模式旨在提高创新效率和加速技术转移，促进经济和社会发展。其核心是合作共赢，通过合作实现科技成果的有效转化和商业化。

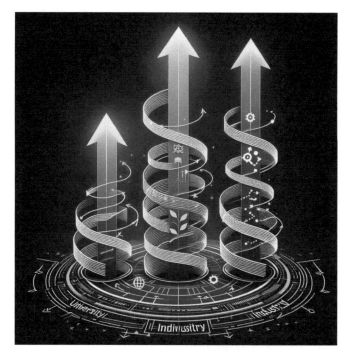

图2-2　技术转移三重螺旋模型理论

3. 界面移动理论

关注技术转移过程中不同创新机构之间的界面问题。该理论认为,界面障碍是影响技术转移效率的关键因素,需加强不同机构间的沟通与合作,推动界面间的有效互动和资源整合。通过优化界面管理,可以提高技术转移的效率和成功率,促进科技成果的转化和商业化。

4. 技术差距论

技术差距论认为技术总是从"中心"(通常指发达国家)向"边缘"(发展中国家)转移,技术差距是技术转移的前提。技术一旦被模仿,技术差距消失,技术贸易便结束。该理论对理解技术转移的内在机制和动态过程有指导意义。

这些理论模型为理解科技成果转化的内在机制和影响因素提供了重要的理论基础,有助于更好地指导技术转移的实践工作。同时,这些模型的不断完善和发展也将为未来技术转移研究和实践提供更全面和深入的指导。

表 2-6 简要比较了这些理论模型的优缺点及适用场景，帮助相关人员更好地理解和选择合适的理论以进行应用。

技术转移的理论模型对比　　　　　　　　　　表 2-6

理论模型	优点	缺点	适用场景
三重螺旋模型理论	深入解析三方互动关系	需要灵活应对不同文化和政策环境	多方创新主体共同参与的环境
产学研合作理论	促进资源共享和优势互补	可能存在合作方目标不一致问题	需要紧密合作来推动技术转化的环境
界面移动理论	突出界面管理的重要性	界面管理实践复杂，需细致规划	界面障碍明显、需资源整合的环境
技术差距论	有助于理解技术转移动态	忽略了发展中国家的本土创新	技术从发达国家向发展中国家转移的情境

这些理论模型各有特点，根据具体情境和需求选择合适的理论进行应用，可以更有效地推动科技成果的转化和商业化，支撑国家和社会高质量发展。

2.3.2　成果转化的驱动因素与障碍

科技成果转化过程中的推动因素和障碍在技术转移中占据着核心地位。推动因素如技术进步、市场需求、政策环境、区域条件、金融支持以及中介服务等，共同作用于科技成果从实验室向市场的转化。科学且合理地考量这些因素并制定策略，是促进科技成果转化和商业化的关键。同时，科技成果的转化是一个复杂的任务，需要政府、企业、高校以及研究机构等多方的协同合作和创新。

技术发展是成果转化的核心动力，通过不断的科技进步推动新技术的诞生，突破技术瓶颈，并实现技术创新。市场需求同样关键，只有满足市场需求的科技成果才能实现商业化。因此，紧跟市场趋势和了解市场需求是成果转化过程中不可或缺的一环。

政策环境对成果转化有着显著影响。政府通过制定相应政策，比如科技奖励、税收优惠等，可以激励科技成果的转化。良好的政策环境可以降低转化成本和风险，提高转化效率。区域条件，包括科研实力、产业链配套和基础设施建设，也对成果转化有着深刻影响。有利的区域基础条件可以提供更多的资源和发展机会，从而促进科技成果的转化。

金融支持和中介服务是成果转化的重要推动力。金融支持为科技成果的研发和商业化提供资金，解决资金瓶颈问题。中介服务则通过专业化服务，如技术评估、交易代理等，促进技术供需双方的对接和合作。

虽然存在多种推动因素，但成果转化过程中也存在着一些障碍，主要包括体制机制障碍、信息不对称、中介服务水平不高以及金融支持不足等。这些障碍会影响科技成果的有效转化，需采取措施加以消除。

综合考虑驱动因素和障碍，制定合理的策略是推动科技成果转化的关键。政府、企业、高校和研究机构等各方需加强合作，共同采取有效策略。这包括加强政策支持，优化政策环境，促进信息交流和传播，打破信息不对称，提高中介机构服务质量和水平，建立专业化技术转移服务体系，完善金融支持体系，提供多元化融资渠道，以及加强科研与市场的对接等。

此外，建立科技成果转化的评价体系，对技术转移活动进行科学评估和监测，及时发现问题和改进方向也是关键。同时，应加强技术转移的人才队伍建设，培养一支既懂技术又懂市场的专业化技术转移人才队伍，为科技成果转化提供有力的人才保障。

第 3 章
大学在技术转移中的角色与功能

3.1 大学作为知识创新主体的重要性

3.1.1 大学的科研产出与创新能力

大学的科研产出和创新能力在技术转移过程中发挥着至关重要的作用。科研产出，包括新知识、新方法、新技术和新成果，不仅是衡量大学科研实力和学术水平的关键指标，也是技术转移的重要来源。创新能力，体现在人才培养、科学研究、社会服务等多方面，是测定大学整体实力的重要指标之一。

在技术转移的过程中，大学的科研产出构成了转移活动的基础和前提。科研人员通过科学探索不仅拓展新知识领域，并创造出一系列具有潜在市场价值的科研成果。缺乏这样的科研积累，技术转移将无从谈起。

大学的创新能力在技术转移中也显得尤为重要。拥有创新思维、创新方法和创新组织的大学，能够有效地将科研成果转化为具有市场竞争力的技术和产品，提高技术转移的效率和成功率。此外，强大的创新能力也能推动大学不断探索新模式和方法，从而在技术转移过程中实现更高层次的发展。

高水平的科研成果和强大的创新能力为技术转移提供了坚实的基础和有力的支持，使技术转移能够达到更高层次。大学可以通过与企业的合作，将有潜力的科研成果进行中试和产业化，从而促进科技成果的商业化应用。通过孵化器、科技园区等平台，大学还可以推动科技创新和产业集聚，进而促进区域经济的发展。

为了有效推动科技成果的转化和商业化，大学需要不断提升科研水平和创新能力。同时，大学通过加强与企业的合作与交流，积极探索新的技术转移模式和方法，能为国家的科技创新和经济发展作出更大的贡献。

3.1.2　大学的科研评价体系改革

大学的科研评价体系改革是推动科研成果转化和产业化的重要环节，其核心在于更好地激发科研人员的创新活力，提高科研成果的质量和实用性。改革的具体举措包括确立科学的评价标准、实施分类评价、引入多元化的评价方式、强化科技成果转化和产业化的评价以及建立完善的奖励机制。

1. 确立科学的评价标准

改革旨在放弃仅依赖论文数量和影响因子的传统评价方法，转向强调质量、实际应用价值和市场前景的评价标准，以促进科技成果的转化和商业化。

2. 实施分类评价

根据不同学科的特点和实际情况，采用分类评价方式，制定差异化的评价指标和标准，以更客观、公正地评价科研成果的价值和贡献。

3. 引入多元化的评价方式

除了传统的同行评议和专家评审，引入市场评价、用户评价和社会评价等多元化方式，以更全面地反映科研成果的实际价值和影响力。

4. 强化科技成果转化和产业化的评价

将科技成果转化和产业化的效果纳入评价体系，鼓励科研人员积极参与技术转移和产业化，推动科技创新和经济发展。

5. 建立完善的奖励机制

基于科研成果的实际价值和贡献，建立完备的奖励机制，包括科研奖励、技术转移奖励和产业化奖励，以激励科研人员进行高质量的科研工作和科技成果的转化。

这些改革举措在技术转移中发挥着关键作用，引导和激励科研人员更积极地参与技术转移。通过改革，科研评价体系更注重科技成果的转化和商业化，激励科研人员更积极地投入技术转移工作，提高科研成果的质量和实用性。同时，改革可以促进跨学科的合作和产学研结合，推动科技成果跨界转移和产业化，提高技术转移的效率和成功率。大学应推进科研评价体系改革，为技术转移提供全面支持，全面关注科技成果转化的管理全过程，及时解决问题和清除障碍，提高技术转移的效率和成功率（图3-1）。

图3-1　大学的评价指标体系示意

3.2　大学与企业、政府的关系与互动

在技术转移的生态系统中，大学、企业、政府的协同作用不容忽视。大学与企业之间建立战略性合作关系，凭借大学的科研资源与企业的市场导向，共同推动科技成果实现从理论到应用的跨越，加快产业化进程。这种伙伴关系不仅加速了科技成果的市场化，同时也为大学提供了资金和市场信息，从而促进了科技成果的转化与推广。

政府的作用则体现在为技术转移构建稳定框架上，通过制定鼓励性政策、提供资金支持，以及组织产学研项目和展示活动，政府有效地促进了大学和企业之间的合作。这种引导和扶持作用为技术转移提供了稳定的政策环境和资金保障，进一步推动了创新资源的高效利用。

在三重螺旋模型中，大学、政府和企业被视为创新系统中不可或缺的单元。这一理论强调了三者之间的独立性与合作性，共同促进了知识的生成、转化、应用及升级。在技术转移的过程中，这三方需深化沟通，建立稳固的合作关系，以确保科技成果能顺畅转化并有效应用于实际生产中，满足社会需求。通过这样的协同努力，可以更好地促进技术转移生态系统的健康和可持续发展（图 3-2）。

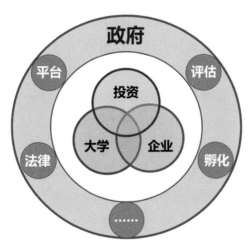

图 3-2　技术转移中大学与企业、政府的关系

3.2.1　产学研合作模式与实践

产学研合作模式在促进科技创新和产业化方面发挥着关键作用，它通过企业、高校和科研院所间的战略协同，实现了资源共享和优势互补。这种合作不仅致力于提高科技成果的转化效率和产业化速度，还努力降低技术转移的风险与成本，同时为科技创新领域培育了大量高水平人才，为经济发展注入新动力。

首先，产学研合作的优势是提高科技成果的质量与实用性。高校和科研机构作为科研创新的源泉，拥有丰富的理论知识和独特的创新思路，而企业则深谙市场需求和技术商业化的道路。通过密切的合作，这两个领域的优势能够有效结合，使学术研究的创新成果与市场实际需求紧密对接，促进科技成果的快速成熟和有效转化，从而提升产品或技术的实用性和市场竞争力。

其次，产学研合作极大地降低了技术转移过程中的风险和成本。技术转移是一个复杂的过程，涉及技术成熟度评估、市场接受度分析以及知识产权保护等多个方面。通过产学研合作，各方可以集中优势资源，共同应对这些潜在的风险和挑战，有效降低了技术转移的总体成本和风险，增加了项目成功的可能性。

最后，产学研合作对于培养高素质的科技创新人才具有重要意义。在合作过程中，不同机构的人员可以进行互动学习和经验交流，有助于人才的全面成长和能力提升。这种跨机构的人才培养和交流机制为科技创新提供了强有力的人才支持，确保了科技创新活动具有活力和持续性。

3.2.2　政府在技术转移中的角色与政策支持

政府在技术转移过程中扮演的角色至关重要，其在各个方面发挥着引导和支持的作用，为技术转移创造了良好的环境。政府的支持对于促进科技成果的高效转化、降低技术转移风险、培养创新人才以及推动经济发展都不可或缺。

首先，政府作为法规的制定者和执行者，确保技术转移活动在一个公正合理的法律框架内进行。政府通过制定和维护知识产权保护、利益分配等相关法律法规，为技术转移提供了坚实的法律基础和可行的标准。同时，确保法律法规的有效执行也是政府必须履行的职责，它维护了公平的市场环境。

其次，政府在政策制定和推动方面也发挥着关键作用。通过出台一系列激励性政策，如财政资金支持、税收优惠、奖励机制等，政府不仅提高了技术转移的效率和成功率，还激发了企业、高校和科研院所参与技术转移的积极性。此外，设立专项资金或基金也是政府支持技术转移的有效手段。

再次，政府还肩负着搭建平台和提供服务的重要责任。政府可以通过建立技术转移中心、科技成果转化平台等各种机构，促进各方的交流与合作，提供信息交流、技术交易、人才培养等服务，降低技术转移的难度和成本。同时，建立和完善技术转移服务体系，包括中介机构、评估机构等，为企业和科研机构提供全面的服务支持。

最后，政府还需关注人才培养和技术创新环境的营造。技术转移不仅涉及具体技术或产品的转移，还包括人才、创意和知识的流动。政府通过制定教育和培训政策，培养具备创新能力和实践经验的技术转移人才，同时通过公共研发投资、创新项目资助等方式，鼓励企业增加研发投入，推动技术创新和成果转化。这些措施共同构建了一个有利于技术转移和创新发展的生态系统。

3.3　大学在技术转移中的具体功能

大学通过培养人才、开展科研活动以及与企业合作等方式，为技术转移提供了必要的支持和资源。为了更好地促进科技成果的转化和产业化，大学需要继续加强自身建设，提高科研水平和人才培养质量，同时积极与企业、产业界建立合作关系，共同推动科技创新和经济发展（图 3-3）。

3.3.1　人才培养：创新型人才的培育机制

创新型人才的培养是技术转移生态系统中的关键环节，要求大学构建和完善系统化的人才培育机制。该机制应包括设立以创新为核心的人才培养目标、促进跨学科学习、加强实践教学、营造创新文化氛围、与产业界深度合作，以及建立全面的创新能力评价体系。这些措施相互配合，旨在培育具有创新思维、实践能力和综合素质的人才，为技术转移和科技创新提供坚实的人才基础。

图 3-3　大学在技术转移中的具体功能示意

首先，明确以创新能力为核心的培养目标是基础。大学应把培育学生的创新思维和能力作为教育的中心任务，确保学生在掌握专业知识的同时，具备对常规思维的挑战和对新事物的探索精神。这需要通过对课程和教学方法的改革，激发学生的独立思考和创新意识。

其次，推进跨学科教育对于打破知识壁垒、促进知识融合具有重要作用。通过设立跨学科课程和项目，大学可以激发学生的创新潜力，培养能够综合运用多领域知识解决问题的创新型人才。

加强实践教学对于促进学生将理论知识转化为实践能力也是必不可少的一环。提供丰富的实践机会，让学生在真实或模拟的职场环境中学习和应用知识，是培养其解决问题能力和实际操作技能的有效方法。

同时，营造一个鼓励创新的文化氛围对于激发学生的创新热情和培养其敢于尝试、不畏失败的精神同样重要。大学可以通过组织创新竞赛、创业活动、讲座等多样化方式，为学生提供展示创新能力和接受挑战的平台。

与产业界的紧密合作能够让学生更直接地了解行业需求和技术前沿。通过参与实习和项目合作，学生可以获得宝贵的行业经验，提升职业素养和实践能力。

最后，建立一个全面的创新能力评价体系对于客观衡量学生的创新能力和提供个性化的教学反馈至关重要。这个体系应考虑学生的创新成果、实践经验、跨学科能力等多维度因素，并采用多元化的评价方法，如作品展示、口头报告和实践评估，以确保评价的全面性和公正性。通过这些综合性措施，大学可以为技术转移和科技创新培养一流的创新型人才。

3.3.2 科研创新：实验室到市场的转化过程

科研创新的转化过程，即从实验室的研究到市场的商业化产品，是一个涉及多个环节和因素的复杂过程，它要求各参与方进行紧密合作和协同支持。

实验室研究作为整个科研创新过程的起点，是基础且至关重要的。在这一阶段，科研人员致力于发现新的科学原理、技术或方法，这要求他们不仅拥有扎实的专业知识，还需要有持续的创新精神。然而，要让这些研究成果走出实验室，实现市场应用和商业化，科研人员还需与产业界、投资者以及其他相关方建立稳固的合作关系，确保研究成果具备实用性和商业化潜力。

在这一过程中，技术转移起着桥梁作用，它涉及将实验室的研究成果转化为具有商业价值的产品或服务的全过程。技术转移不仅需要对技术进行评估和保护知识产权，还涉及商业策划和技术推广等多个方面。技术转移机构和专业人员在这一过程中提供必要的支持和指导，帮助科研人员实现研究成果的商业化。

此外，市场调研和产品开发是连接实验室与市场的关键环节。科研人员需要深入了解市场需求、竞争状况和技术趋势，以便准确定位产品和制定合理的市场策略。在产品开发阶段，则需综合考虑产品设计、功能、质量和成本等因素，确保产品具备竞争力。

政府的作用在这一过程中也不可忽视。政府通过制定有利的政策、提供资金支持和良好的监管环境，为科研成果的转化和商业化提供助力。政府通过建立技术转移机构、创新中心和创业孵化器等，提供专业服务和支持，助力科研人员推动研究成果的市场化。

总之，实现科研创新从实验室到市场的转化是一个需要科研人员、产业界、技术转移机构、政府等多方面协作和共同努力的过程。各方的密切合作可以有效推动科研成果的转化和商业化，从而推动科技创新和经济发展。

3.3.3　社会服务：大学的社会责任与科技成果的社会化

大学作为知识的源泉和创新的驱动力，确实在科技成果的社会化和科技服务领域扮演着至关重要的角色。通过多方面的活动和合作，大学不仅促进了科技成果的传播和应用，还为社会的进步和发展作出了重大贡献。

第一，大学通过教育和培训活动，提高了公众的科学素养和技术能力，为科技成果的广泛应用打下了坚实的基础。大学通过开设公开课程、举办公益讲座和提供在线教育资源，使科技知识传播范围更广，增强了社会公众对技术的理解和应用能力。

第二，在促进科技成果转化和产业化方面，大学与企业和产业界的紧密合作极大地加快了科研成果的市场化进程。通过产学研合作、技术转移和联合研发等方式，大学将科研成果转化为实际的产品和服务，既提高了科技成果转化的速度和成功率，也为社会带来了显著的经济效益和社会效益。

第三，大学在提供公共服务方面也发挥着不可替代的作用。在科技领域，大学为政府和社会提供科技咨询、政策建议和决策支持，其所拥有的专业知识和独立地位使其能够为社会提供客观、科学的建议，帮助解决科技领域的问题。此外，大学通过社会调查和数据分析等研究活动，为社会提供有价值的信息和数据，推动科学决策和可持续发展。

第四，在国际技术转移和交流合作方面，大学也扮演着重要角色。随着全球化的加深，国际科技合作变得日益重要。大学通过与国外高校、研究机构和企业建立合作关系，共同开展科研项目、技术转移和创新活动，促进了科技成果的国际传播和应用，为全球科技创新和经济发展作出了贡献。

综上所述，大学在社会服务和科技成果社会化方面的作用不可替代。通过教育培训、产学研合作、公共服务以及国际技术转移和交流，大学将科研成果和人才资源与社会需求紧密结合，推动了科技成果的社会化应用和产业化发展，为社会的持续进步和繁荣作出了重要贡献。

第 4 章
大学技术转移与成果转化的
模式与策略

4.1 技术转移的传统模式

技术转移在推动科技成果的转化和商业化中扮演着举足轻重的角色，其常见模式主要包括知识产权转让、校企合作和科研成果产业化等。

知识产权转让是技术转移的核心方式之一，通过所有者将专利、商标、著作权等转让给受让方来实现技术转移。该模式的优势在于交易效率高和流程简洁，非常适合各类知识产权的交易。然而，这一模式要求受让方不仅要具备必要的技术实力，还要有足够的市场运营能力，才能最大程度地发挥知识产权的经济价值。

校企合作是技术转移的另一重要模式，它依托高校和企业之间的合作伙伴关系。在这种模式中，高校提供科研成果和人才支持，而企业则提供市场需求和产业化经验。这种资源共享和优势互补的合作模式，不仅加快了科技成果的商业化进程，促进了产学研的深度融合，还提升了整体科技创新能力。然而，这种模式的挑战在于建立稳固的互信关系和高效的合作机制，同时需要妥善解决利益分配和知识产权归属等关键问题。

科研成果产业化是实现技术转移的又一途径，主要通过科研机构或高校将科研成果产业化运作，以与企业合作或自主创业的形式，推动科技成果向具有市场竞争力的产品和服务的转变。这一模式的优势在于能够快速实现科技成果的商业应用，促进产业升级和经济发展。它不仅为科研机构或高校提供资金支持和市场渠道，还推动了科技创新。但是，这一模式要求相关主体具有强大的产业化运作能力和市场推广策略，并需要有效管理资金和风险。

以上三种模式各有特点，它们在促进科技成果转化和商业化的过程中都发挥着不可替代的作用。然而，它们各自也面临着不同的挑战并具有一定的局限性，需要根据实际情况和目标，选择最合适的技术转移模式。

4.1.1　知识产权转让的运作机制与利益分配

知识产权转让作为技术转移的核心模式，其运作机制和利益分配机制对于保障交易双方权益、促进知识产权的合法和高效利用起着至关重要的作用。精心设计的合同条款和公平合理的利益分配机制，不仅有助于保障双方的权益，而且有助于维护健康的技术转移生态。

知识产权转让涉及以下几个关键环节。

1. 合同法律关系的建立

知识产权转让的基础是详尽且明确的转让合同。这些合同必须清晰定义知识产权的所有权、使用权限、转让费用等核心要素，确保双方权益得到充分保障。为保证合同具有法律效力，相关的知识产权注册、备案等法律程序也不容忽视。

2. 利益分配的核心议题

利益分配是知识产权转让的中心议题。转让费用的确定往往基于知识产权的市场价值、技术含量和潜在收益等因素。为实现公平分配，双方可以协商确定固定费用，并结合未来收益制定提成方案。此外，还需考虑知识产权使用的性质和范围、受让方的保护责任等因素。

3. 公平、合理、合法的原则

在整个转让过程中，双方应遵守公平、合理、合法的原则，确保过程的透明度和公正性。防止信息不对称导致产生不公平交易，同时加强对知识产权的保护，防止发生侵权行为。

在实际操作中有些典型案，例如，诺基亚与微软、谷歌与摩托罗拉、IBM 与联想等，展示了知识产权转让的多样化运作机制，包括现金交易、专利组合获取、交叉许可等。这些案例不仅展示了知识产权转让策略的多样性，还强调了合同条款设计、利益分配机制构建以及知识产权保护的重要性。这些成功的交易案例对于公司的战略规划、市场地位确立和生态系统建设都产生了深远影响。

通过深入分析这些案例，可以看出，知识产权转让不仅是一项技术交易活动，更是一种战略资源的配置和优化。因此，合理设计转让机制和利益分配方案，对于确保知识产权的价值最大化，促进技术创新和商业化至关重要。

4.1.2 校企合作模式与实践案例

校企合作，作为一种高效的资源整合和科技创新途径，已在全球范围内被广泛应用。该模式通过整合高校的科研力量和企业的市场资源，共同推进科技成果的转化和产业发展，具有资源共享、优势互补的显著特点。以下是几种常见的校企合作模式。

（1）共建实验室或研发中心

高校与企业共同投资，建立实验室或研发中心，集中双方的科研资源和技术力量，进行科研项目和技术创新。例如，智能制造实验室的建设，不仅促进了资源共享和优势互补，还培育了具有创新能力和实践经验的高素质人才。

（2）技术转让

高校将科研成果直接转让给企业，企业支付技术转让费用，以实现科技成果的快速商业化，促进产业升级。例如，高校研发的新型材料通过技术转让实现了有效的产业化应用。

（3）联合研发

高校和企业共同投入资源，进行联合研发、技术转移和人才培养。这种合作模式实现了资源的共享和优势的互补，推动了科技成果的转化和产业发展。例如，高校与医疗器械企业合作研发新型医疗设备。

（4）产业联盟

通过高校、企业、政府机构的合作，建立产业联盟，推动产业技术创新和成果转化，强化产学研合作，提供支持服务，促进产业的可持续发展。例如，智能制造产业联盟的建立。

在全球范围内，许多校企合作的成功案例表明了这种模式在推动科技创新和人才培养方面拥有巨大潜力。例如，阿里巴巴 - 浙江大学前沿技术联合研究中心、百度 - 北京大学深度学习研究院、清华大学（计算机系）- 华为终端有限公司智能交互联合研究中心等，都是国内在数据科学、人工智能等领域取得显著成果的合作典范。在国际层面，MIT 与 IBM、哈佛大学与微软、斯坦福大学与硅谷等的紧密合作，覆盖了人工智能、量子计算、生物信息学等多个前沿科技领域。

这些校企合作案例不仅在学术领域推动了研究创新，也为学生提供了与产业界深度互动的机会，在推动科技进步、培养具有创新思维的人才方面发挥了积极作用。它们是高校与企业共建创新生态的成功范例，为全球高等教育与产业协同发展提供了宝贵的经验和启示。

4.1.3　科研成果产业化的路径与障碍

科研成果的产业化是将科学研究成果转化为具有市场竞争力的产品或服务的过程。这一过程对于推动科技创新、促进经济发展具有重要意义。在实际操作中，科研成果的产业化有诸多路径，也面临着一系列的障碍。

1. 科研成果产业化的路径

（1）技术转移

这是科研成果产业化最常用的路径。高校或科研机构将其研发的科技成果转让给企业，由企业进行后续的开发和商业化。这种方式的优势在于能够快速将科技成果推向市场，同时为高校或科研机构提供经济回报。

（2）校企合作

高校与企业建立合作关系，共同开展研发活动，推动科技成果的产业化。这种方式能够充分发挥高校和企业的各自优势，加速科技成果的转化。

（3）自建企业

科研人员或团队利用自己的科技成果创建新的企业，进行科技成果的商业化运作。这种方式有利于科研人员对科技成果的全程控制，但同时也需要面对资金、管理等各方面的挑战。

2. 科研成果产业化的障碍

（1）技术成熟度不足

许多科研成果在实验室阶段表现优异，但距离商业化还有一定距离。企业往往不愿冒险投资于技术成熟度不足的项目。

（2）市场前景不明朗

科研人员往往更关注技术的创新性，而忽略了市场的实际需求。这导致许多优秀的科技成果在市场上遭遇失败。

（3）交易费用高昂

技术转移过程中涉及的知识产权问题、技术评估问题等都可能导致交易费用高昂，阻碍了科技成果的产业化进程。

（4）资金缺乏

无论是技术转移还是自建企业，都需要大量的资金支持。尤其是在技术研发和市场推广阶段，资金压力尤为突出。

（5）管理经验缺乏

对于科研人员来说，将科技成果商业化是一个全新的领域，需要具备相应的管理经验和市场运营能力。

（6）受政策和法律环境限制

政府政策和法律法规对科技成果的产业化有重要影响。不适当的政策和法规可能限制科研成果的商业化应用。

为了推动科研成果的高效产业化，政府、高校、企业及社会各界需要共同努力，优化政策环境，健全技术转移机制，提供充足的资金支持。同时，科研人员和企业需不断提高技术水平和管理能力，积极应对产业化过程中的挑战，以实现科技成果的有效转化和商业化。

4.2　当前趋势与新型模式

随着科技的不断进步和产业结构的调整，科研成果产业化的路径与模式也在不断演变和创新。其中，开放科研、总包科研、技术孵化器等新型模式正在成为科研成果产业化的重要趋势。这些模式有助于提高科技创新的效率和质量，加速科研成果的转化和应用。

为了更好地应对这些新型模式的挑战并抓住机遇，政府、企业和社会各方需要加强合作，共同推动科技创新和产业升级。同时，还需要加强人才培养和创新文化建设，为科研成果产业化的可持续发展提供有力保障。

4.2.1　开放科研的兴起与实践

开放科研，作为一种新兴的科学研究模式，其核心在于提高科研过程、数据及成果的公开性、透明度和协作性。该模式倡导科学成果的公开分享，使得科研活动不再局限于封闭的实验室，而是通过网络、数据和共识，使得科研的每一个环节都能被复审、验证及再利用。开放科研的实践，通过打破传统科研中的隔阂，实现资源的优化配置和高效利用，从而提高科学发现的速度和促进科研成果的广泛应用。此种模式的推广，显著提升了科学研究的可靠性、可重复性，同时加快了知识的传播与实际应用的步伐。

开放科研的兴起，得益于多方面的背景因素。

（1）技术革命

互联网、大数据、人工智能等前沿科技的发展，极大地促进了科研数据的采集、处理和共享。

（2）全球化浪潮

全球化的趋势增大了跨学科、跨国界合作的可能性，为科研资源的共享和优化配置开辟了新途径。

（3）创新驱动

当代社会对于科技创新的需求日益增长，促使科研机构以更开放、更高效的方式应对经济社会发展的挑战。

具体实施方面，开放科研主要通过以下方式展开：①构筑开放科研平台，促进科研人员之间的数据共享、在线协作和开源软件的使用；②提倡开放数据原则，激励科研人员公开其数据资源，支持数据的共享、再利用和独立验证；③推动跨学科、跨领域、跨国界的合作，整合各方优势资源，联手开展科研项目；④鼓励科研机构与企业、社会各界开展深度交流与合作，促进科研成果向实际产品和服务转化，推动科技创新和产业升级；⑤制定和完善一系列开放科研相关的政策和标准，如数据共享规则和知识产权管理条例，为开放科研提供坚实的制度保障。

开放科研对科研创新和产业发展产生了深远的影响：①通过数据共享和跨学科合作，提高了研究的准确性和可靠性，有效遏制了学术不端行为的发生；②合作与创新的模式加快了科研成果向实际产品和服务的转化进程，为产业发展注入新动力；③开放合作模式确保了资源的有效共享，减少了重复研究和资源的浪费，提升了整体研究效率；④开放的科研环境有助于培育具备创新思维和协作能力的人才，为未来的科技创新储备动力；⑤开放科研模式鼓励社会各界积极参与科学研究，提升了科学研究的公众参与度和社会影响力。

作为一种颠覆性的科研范式，开放科研正逐渐改变我们对科学研究的传统认知和实践模式。未来，它将更加侧重于数据共享、协作模式、技术创新、政策环境以及人才培养等关键领域的发展，有望成为驱动科研创新与产业发展的强大引擎。

4.2.2　总包科研的创新机制与挑战

总包科研模式指的是企业将科研项目全权委托给具备专业能力的科研机构或团队，受托方负责从研发初始阶段至产品最终上市的整个过程。此模式凭借其响应快、效率高和风险低的特点，为企业提供了一种全新的科研解决方案。

1. 总包科研模式的核心创新机制

（1）资源整合与优化配置

总包科研机构通过其卓越的资源整合能力，实现技术、人才和资金等关键资源的优化配置，从而充分挖掘和利用各方面资源的潜力，显著提高研究的效率和成果质量。

（2）跨学科合作与交流

此模式推动不同学科领域的专家和学者进行深度合作与交流，使他们共同面对和解决复杂的科研问题，从而提出新的研究思路和方法，推动科技创新和学术知识的共享。

（3）精细化项目管理

采用项目制的管理模式，对研究过程进行严格和细致的管理，确立明确的研究目标、详尽的计划和严密的时间安排，保障研究工作按照既定进度和质量标准稳步推进，便于项目的监控和评估。

（4）开放创新与合作

总包科研模式强调企业与外部机构的合作与交流，充分利用外部资源进行创新活动，促进知识的共享和传播，加快科研成果的产出和转化，为企业和整个产业界提供全方位的技术支持和服务。

2. 总包科研模式在实践中面临的挑战

（1）知识产权管理

需要明确界定知识产权的归属，确保各方权益得到妥善保障，避免产生知识产权纠纷。

（2）研究质量保障

必须保证研究成果的科学性和可靠性，防止资源多样性和管理复杂性带来的质量问题。

（3）项目协调与沟通

在跨学科合作的背景下，建立高效的协调和沟通机制非常关键，它可以保证团队成员间的有效交流和协作，确保项目的顺利进行。

（4）风险控制与应对

识别、评估和控制项目中潜在的各类风险，制定相应的应对策略，保障项目的成功实施。

（5）成果转化与产业化

推动科研成果的转化和产业化过程，加强与产业界的合作，实现科技成果的经济价值和社会效益最大化。

展望未来，总包科研作为一种创新科研模式，将继续发挥其在资源整合、跨学科合作、精细化项目管理和开放创新等方面的优势。为有效应对所面临的挑战，总包科研机构需要建立健全的管理体系和机制，增强团队建设、项目管理和风险控制等方面的能力，并且加强与外部机构的合作与交流，共同推动科技创新和产业的持续发展。

4.2.3 技术孵化器的运营模式与发展趋势

技术孵化器，作为当代社会经济结构中的一种新型实体，致力于为新兴科技企业提供综合性支援与服务，旨在减少创业困难、提高成功率。这些孵化器通常提供研发、生产、经营场地以及通信、网络、办公等共享设施，并辅以系统化的培训、咨询、融资及法律和市场推广服务。技术孵化器在促进初创科技企业的成长中不可或缺，其运作模式和发展态势对整个创新创业生态以及科技进步产生深远影响。

1.技术孵化器运营模式的分类维度

（1）服务阶段分类

孵化器根据服务对象所处的不同发展阶段，分为初创期孵化器、成长期孵化器和专业领域孵化器，以满足各阶段企业的特定需求。

（2）投资主体分类

根据投资主体差异，孵化器可分为政府投资型、企业投资型和高校及科研机构投资型，各自利用其独特的资源和优势服务于不同类型的企业。

（3）运作模式分类

孵化器的运作模式涵盖物业型、服务型、投资型和产业型，各模式在提供物业、咨询、培训、融资等服务方面具有不同的侧重点，满足企业在各发展阶段的多元化需求。

2. 技术孵化器的发展趋势

（1）专业化发展

技术孵化器正逐渐聚焦于特定领域，提供深度服务，以满足企业的个性化和专业化需求。

（2）数字化与智能化

通过应用数据分析、人工智能等技术，孵化器提高了运营效率和服务质量，实现了对企业需求的精准响应。

（3）产学研一体化

技术孵化器加强与高校和科研机构的合作，推动科技成果的转化和产业创新，提高科技成果商业化的成功率。

（4）资源整合与共享

孵化器通过整合和共享技术、人才、资金等资源，全面支持企业发展，降低创业成本。

（5）国际化合作

在全球化背景下，孵化器加强国际合作，引入国际先进技术和资源，促进企业的国际市场发展。

（6）政策支持与引导

政府通过优惠政策和专项资金支持，为技术孵化器的发展营造良好的外部环境。

（7）社区化与网络化

孵化器注重创业社区建设和企业网络构建，促进企业间的交流和合作，形成良好的创新创业生态圈。

（8）可持续性与绿色化

在可持续发展理念指导下，孵化器致力于环保技术的创新应用，为企业提供可持续发展解决方案。

3.技术孵化器面临的挑战

虽然技术孵化器为科研成果的产业化，以及解决初创企业的资金、技术和市场问题提供了有力支持，并通过专业化指导和培训促进了初创企业的快速成长，但在运营过程中也面临挑战。

（1）潜在项目的筛选与评估

有效筛选和评估具有创新潜力和商业前景的孵化项目是技术孵化器面临的关键挑战之一。

（2）精准支持和服务

需针对企业在不同阶段的差异化需求提供精准、个性化的支持和服务。

（3）吸引和留住创业人才

在竞争激烈的环境中，吸引和留住优秀的创业人才对技术孵化器的成功极其重要。

此外，技术孵化器需与政府、企业及社会各界建立紧密的合作关系，共同推进科技创新和产业升级。展望未来，技术孵化器将在创新驱动发展的战略中扮演更为重要的角色，通过全方位的支持和服务，促进科技成果的转化和企业的成长壮大，为发展经济社会作出更大贡献。

4.3 大学推动技术转移与成果转化的策略与实践

在高等学府中，技术转移和成果转化是推动科技创新及经济社会发展的关键环节。为了有效推进这一过程，大学需采取一系列策略和实践措施，如建立完善的政策支持体系、优化组织架构与管理机制、建设专职化专业化人才队伍等。通过实施上述策略和措施，大学不仅能有效推动技术转移和成果转化，还能为科技创新和经济社会发展作出重要贡献，进而在全球科技创新竞争中占据有利地位。

4.3.1　技术转移的政策支持体系

在高等教育机构中，建立健全的政策支持体系被视为推动技术转移与成果转化的关键因素。这一体系不仅是促进大学科技成果转化的重要保障，而且是激发科研人员和技术转移机构活力的重要工具，主要包括资金支持、税收优惠、融资渠道拓展等关键方面。

1. 资金支持

资金支持对于技术转移过程尤为关键。大学可通过设立专项基金，为科研人员和技术转移机构提供必要的经费支持，在科技成果从产业化到中试再到商业化的全过程中起到促进作用。除此之外，大学应与企业、政府及其他机构建立合作伙伴关系，共同投入资金，构建多元化的资金来源体系，为技术转移提供坚实的资金保障。这种合作模式不仅能实现资源共享，还能促进技术创新与市场应用的有效结合。

2. 税收优惠

税收优惠是激励科技成果转化的重要手段。政府通过制定相关的税收优惠政策，如对技术转移过程中的专利转让、技术服务及收益给予税收减免或优惠，能显著降低技术转移的成本，提高经济效益。进一步地，延长专利技术的税收减免期限、降低技术转让税率等措施能够有效促进科技成果的转化，降低技术转移的风险和成本，提高转移效率和成功率。

3. 融资渠道拓展

融资渠道拓展是解决技术转移过程中的资金瓶颈问题的关键。大学应积极与金融机构建立合作关系，为技术转移项目提供贷款、担保等金融服务。同时，大学可以与风险投资机构、私募基金等合作，引入社会资本参与科技成果的转化，为技术转移项目提供更多的资金支持，加快成果的市场化进程。此外，大学还应探索建立技术转移孵化器、科技园区等平台，吸引外部投资和资源，为科技成果转化提供全方位支持和服务。

通过综合运用资金支持、税收优惠和融资渠道等政策工具，大学能够有效激发科研人员和技术转移机构的积极性，促进科技成果的高效转化。这不仅可以推动科技创新与产业升级的深度融合，还将为国家和地区的经济发展提供强有力的支撑和动力。展望未来，大学应持续强化与政府、企业和其他机构的合作，不断完善政策支持体系，优化组织架构和管理机制，并加强人才队伍建设，以更好地服务经济社会发展的需求，并为人类的科技进步和文明发展作出更大的贡献。

4.3.2　技术转移的组织架构与管理机制

技术转移的组织架构与管理机制是推动大学科技成果转化的重要环节。为了有效促进技术转移，大学可以设立技术转移办公室或科技成果转化中心等专门机构，这些机构在组织架构与管理机制中发挥着关键作用。

技术转移办公室是负责技术转移工作的核心机构。该机构通常由具备专业知识和丰富经验的人员组成，具备知识产权保护、合同谈判、项目管理等方面的能力。技术转移办公室的主要职责包括科技成果的评估、推广和商业化。他们负责寻找潜在的合作伙伴，与相关企业、研究机构和风险投资公司等进行联系和合作，共同推动科技成果的转化。同时，技术转移办公室还负责技术转移过程中的协调工作，确保各方之间的顺畅沟通和合作。

科技成果转化中心也是重要的组织架构之一。该中心通常由跨学科、跨领域的专家组成，涉及技术、市场、法律等多个方面。科技成果转化中心的主要职责是为科技成果转化提供全面支持和服务。他们负责组织技术转移项目的管理和实施，为科研人员提供市场调研、技术评估、商业计划制定等方面的咨询和服务。此外，科技成果转化中心还负责与政府、企业和其他机构建立合作关系，共同推动科技成果的转化和产业化。

在管理机制方面，技术转移办公室和科技成果转化中心应建立规范的管理制度和流程，确保技术转移工作的规范化和高效运作。这些制度和流程应包括科技成果的评估与筛选、知识产权保护、合作协议制定、项目跟踪管理等方面。同时，应注重与科研人员和其他相关人员的沟通和协作，建立良好的工作关系，确保技术转移工作的顺利进行。

此外，为了更好地推动技术转移与成果转化，大学还可以采取其他措施来完善组织架构与管理机制。例如，设立技术转移服务平台，提供一站式的技术转移服务；建立科技成果信息库，方便科研人员和技术转移机构查找和获取相关成果；加强与外部机构的合作与交流，拓展技术转移的渠道和资源；提供培训和指导，提高科研人员和技术转移机构的专业水平和能力等。

技术转移的组织架构与管理机制是推动大学科技成果转化的重要保障。通过设立技术转移办公室或科技成果转化中心等专门机构，并建立规范的管理制度和流程，大学可以更好地整合资源、发挥优势，促进科技成果的有效转化。这将有助于推动科技创新和产业升级的深度融合，为国家和地区的经济发展提供强大的支撑和动力。同时，大学还应不断探索和完善组织架构与管理机制，以适应不断变化的市场环境和政策要求，确保技术转移工作的持续推进。

为了更全面地推动技术转移与成果转化，大学可以在组织架构和管理机制上进一步采取以下加强措施。

（1）技术转移服务平台

设立一体化的技术转移服务平台，整合各类资源和服务，为科研人员和企业提供更便捷、高效的技术转移支持。这个平台可以成为信息交流和合作的中心，促进各方更紧密地协同工作。

（2）科技成果信息库

建立全面而易于访问的科技成果信息库，以便科研人员和技术转移机构更容易查找和获取相关成果。这有助于提高成果的可见性，实现潜在合作伙伴的快速识别。

（3）外部机构合作与交流

加强与外部技术转移机构、企业以及其他高校的合作与交流。这种合作可以引入多样化的观点和资源，拓宽技术转移的渠道，创造出更多成功案例。

（4）培训和指导

提供定期的培训和指导活动，以提高科研人员和技术转移从业人员的专业水平和能力。培训内容可以包括知识产权管理、市场营销策略、商业计划撰写等方面，帮助他们更好地应对技术转移的挑战。

通过这些补充措施，大学能够更全面地推动技术转移与成果转化，进一步提升科技创新的效果，为产业发展和社会进步作出更为显著的贡献。同时，大学应保持灵活性，根据实际情况不断调整和优化组织架构与管理机制，以适应快速变化的科技与市场环境。这样的努力将有助于大学在科技创新和成果转化方面取得更为突出的成就。

4.3.3　技术转移的人才队伍建设

技术转移的人才队伍建设是科技成果转化中不可或缺的环节。为了满足技术转移的需求，培养专业知识和技能兼备的人才至关重要。这包括技术经纪人、科技成果评估师等关键职业角色，他们在推动科技成果转化的过程中发挥着核心作用。

技术经纪人作为技术转移过程的中介，承担着沟通和协调的重要职责。他们需具备丰富的技术知识和市场经验，可以洞悉市场需求和产业发展趋势。技术经纪人的主要任务包括寻找和评估科技成果，协助双方达成交易，同时为客户提供法律、商务等咨询服务。通过参与专业培训和项目实践，技术经纪人可以持续提高自己的专业能力和业务水平。

科技成果评估师则专注于对科技成果进行全面的评估和鉴定，其工作标准涵盖价值、可行性、应用前景等多个维度。他们需要拥有全面的知识和丰富的实践经验，以保证评估的客观性和公正性。评估师的工作跨越技术、经济、法律等多个领域，对综合分析能力和判断力有较高要求。同样，评估师也可通过参与培训和项目实践来不断提升自己的专业水平。

除技术经纪人和科技成果评估师外，技术转移人才队伍中还有技术转移经理、知识产权律师等角色。这些人才在技术转移过程中各司其职，共同推动科技成果的有效转化。

为了培养这些关键人才，需要构建完善的人才培养体系。高校和研究机构可以开设专门课程和培训项目，提供理论与实践相结合的教育。企业和机构也可以实施内部培训和职业发展规划，提升员工的技术和管理能力。此外，社会组织和行业协会也可以提供专业认证和培训服务，助力人才提升职业水平和竞争力。

技术转移人才队伍的建设是确保科技成果有效转化的关键。培养专业知识和技能兼备的人才，并建立完善的人才培养体系，不仅可以满足市场需求，还能显著提升技术转移效率，进而促进产业发展和社会进步。

第 5 章
大学技术转移与成果转化的案例研究

5.1 国外案例

在大学技术转移的成功案例中，斯坦福大学与硅谷的互动模式、剑桥大学科技园区模式较为典型且具有代表性。通过建立有效的机制、合作网络和服务体系，大学可以更好地推动科技成果的转化和商业化应用，为地区经济的创新发展提供强大的支撑和动力。同时，政府和社会各界的支持与合作也是技术转移成功的关键因素。只有各方共同努力、协同创新，才能实现科技成果的高效转化和地区的可持续发展。

5.1.1 斯坦福大学与硅谷的技术转移案例分析

斯坦福大学与硅谷的技术转移案例是全球范围内技术转移领域的典型代表。斯坦福大学在硅谷的形成和发展中起到了关键作用，并且其技术转移模式也为其他学术机构和地区提供了有价值的借鉴。

斯坦福大学与硅谷之间的互动体现在产学研紧密结合的协作机制中。这种机制确保了大学研究成果与市场需求的有效对接，并加速了科技成果的商业化。同时，这一机制还促进了企业与大学间的知识和技术流动，从而推动了产业技术的不断创新和发展。

斯坦福大学在硅谷建立的强大校友网络和合作伙伴关系为技术转移奠定了坚实基础。这些网络和关系不仅有助于大学研究成果转化为市场竞争力强的科技产品，还为大学提供了丰富的产业资源和合作机会，进一步推动了科技成果的商业化。

此外，斯坦福大学与产业界的紧密合作也是其技术转移成功的重要因素。通过与企业合作进行研发、共建实验室等，大学与企业间形成了互惠互利的合作模式。这种合作不仅加速了科技成果的商业化，而且为大学提供了实践教学和人才培养的机会，从而提高了大学的科研能力和教育质量。

斯坦福大学还建立了完善的技术转移机构和服务体系，为科技成果的评估、孵化、商业化提供全方位支持。这些机构和服务体系不仅将研究成果转化为具有市场竞争力的产品，还为企业提供了技术转移和知识产权保护等咨询服务，成为技术转移过程中不可或缺的桥梁和纽带。

斯坦福大学与硅谷的技术转移案例展示了大学在技术转移过程中的重要作用。通过建立紧密的产学研合作机制、强化校友网络、与产业界紧密合作，以及设立专业的技术转移机构，可以有效促进科技成果的转化，推动地区经济的创新和发展。

5.1.2　剑桥大学科技园的成功经验与启示

剑桥大学科技园的成功经验为全球的科技转移实践提供了宝贵的启示。其成功核心在于深厚的研究基础、强大的创新能力、良好的产业生态和合作关系，以及全方位的技术转移服务。

首先，剑桥大学科技园依托于剑桥大学世界领先的研究实力和创新能力。这为科技园提供了源源不断的创新成果和技术支持，吸引了众多企业、投资机构和高素质人才的汇聚，为科技成果的转化和商业化应用奠定了坚实基础。

其次，剑桥大学科技园建立了健全的产业生态，与周边企业、研究机构、政府部门建立了紧密的合作关系，共同推动科技成果的转化和商业化应用。这种协同效应不仅促进了技术转移的顺利进行，而且降低了转化过程中的风险和成本，同时通过企业间的合作与交流，促进了知识共享和技术创新。

此外，剑桥大学科技园高度重视知识产权的保护和管理，并建立了完善的技术转移服务体系。这些服务体系为科技成果的评估、孵化、商业化提供全方位的支持，更好地对接市场需求，为企业提供必要的技术支持和咨询服务，从而有效推动了科技成果的转化。

剑桥大学科技园的成功经验还表明了政府在技术转移中的关键作

用。政府通过制定有利政策、提供资金支持等方式，不仅促进了科技成果的转化和商业化应用，还加强了企业、大学和研究机构之间的合作，使他们可以共同推动科技创新和产业发展。

剑桥大学科技园的成功经验告诉我们，建立在深厚研究基础之上的强大创新能力、良好的产业生态和合作关系、全方位的技术转移服务，以及政府的积极参与和支持，是成功推动技术转移、促进地区经济创新发展的关键因素。

5.2　国内案例

5.2.1　清华科技园的技术转移与成果转化实践

清华科技园作为中国高校科技园的领军者，不仅深度挖掘并利用了清华大学的人才及科技成果资源，还通过创新的机制与服务体系，有效促进了科技成果的转化及其在商业领域的应用。

清华科技园与清华大学之间建立了深度互动与合作模式。这种模式不仅使得大学的最新科技成果能够快速转化为生产力，同时也为科技园提供了源源不断的创新资源和人才支持。例如，清华科技园经常举办科技成果展示活动，为大学教授和科研团队提供一个与产业界对接的平台，从而加快了技术转移的进程。

清华科技园注重技术转移机制的创新。除了设立专门的技术转移机构外，还制定了相关政策鼓励师生参与科技成果的转化工作。这些政策包括知识产权保护、成果收益分配等，为技术转移提供了有力的制度保障。同时，清华科技园还积极探索多元化的技术转移模式，如技术入股、知识产权转让等，以满足不同科技成果转化的需求。

清华科技园还建立了完善的孵化器和加速器体系。这些机构为初创企业和创新项目提供了全方位的支持和服务，包括办公场地、融资渠道、市场开拓等。通过与投资机构、产业界的紧密合作，清华科技园为初创企业搭建了一个快速成长的平台，助力它们在市场竞争中脱颖而出。

值得一提的是，清华科技园还非常注重国际合作与交流。通过与国际知名高校和科研机构进行合作，引入先进的科技成果和丰富的产业资源，进一步提升了自身在技术转移和成果转化方面的国际影响力。

清华科技园的成功实践表明，与大学建立紧密的合作关系、创新技术转移机制、完善孵化器和加速器体系以及加强国际合作与交流是推动科技成果有效转化的关键因素。这些经验和做法值得其他大学和地区借鉴和推广。

5.2.2　北大科技园的创新生态与支持体系

北大科技园作为北京大学科技成果转化的核心平台，其创新生态和支持体系在科技成果的转化和推广中发挥着至关重要的作用。

北大科技园与北京大学建立了紧密的合作伙伴关系。这种合作不仅体现在科技成果转移上，还涵盖了人才培养、产学研协同等多个层面。例如，北大科技园定期举行学术交流活动，邀请行业专家和学者参与，为师生提供了一个深入了解产业发展的平台。

北大科技园着力于营造一种创新生态环境。通过建立多样化的创新平台、支持创新创业项目、举办创业竞赛等活动，北大科技园为师生营造了一个充满活力的创新氛围。不仅激发了师生的创新热情，提高了他们的实践能力，也吸引了众多优秀人才和企业进驻园区，从而有效促进了科技成果的转化和商业化。

北大科技园还建立了全面的技术转移和支持体系，包括技术转移平台、知识产权管理中心、投融资服务等，这些体系为科技成果的评估、孵化及商业化提供了全方位支持。同时，北大科技园制定了诸如成果收益分配、税收优惠等政策措施，激励师生积极参与科技成果的转化。

另外，北大科技园高度重视与地方政府和产业界的合作。通过与地方政府共建产业园区、与企业合作开展研发项目等方式，北大科技园成功将科技成果转化为实际生产力，为地区经济的创新发展提供了坚实的支撑。

北大科技园的创新生态和支持体系充分证明了，与大学紧密合作、营造创新生态、完善技术转移和支持体系，以及加强与地方政府和产业的合作，是科技成果转化过程中不可或缺的关键因素。这些经验和做法对其他大学和地区具有重要的借鉴和推广意义。

5.3　案例分析与启示

全球范围内，大学在促进技术转移与成果转化方面扮演了至关重要的角色。它们通过与产业企业、创业公司以及政府机构的协同合作，成功地创造出众多科研成果向市场转化的典型案例。这些案例遍布不同地区、覆盖多个行业，彰显了大学在激发技术创新、实现科研成果商业化方面的多元化策略与实践。众多的成功案例教导我们，大学应与各方构建紧密的合作伙伴关系，并建立多层次、多维度的创新支持体系。同时，在技术转移与成果转化过程中应充分利用孵化器模式、技术合作协议、政府支持等多种手段，以确保科研成果能更有效地服务社会、推动产业创新。这些经验对于其他大学具有重要的借鉴意义，同时也为未来的科技创新和商业化进程提供了坚实的基础。

表5-1提供了全球不同大学在技术转移与成果转化方面的典型案例，以及它们所采用的策略与实践。

全球不同大学的技术转移案例分析　　　　　　　　　　表5-1

地区	大学	成功案例	策略与实践
北美	斯坦福大学	斯坦福大学与硅谷的紧密合作	建立紧密的产学研合作网络，推动硅谷创新生态的形成
欧洲	牛津大学	牛津大学科技转移公司的成功案例	成立专门的技术转移公司，加快科研成果的商业化进程

续表

地区	大学	成功案例	策略与实践
亚洲	清华大学	清华科技园的建设与发展	通过科技园区建设加强产学研合作，创建创新高地
澳洲	悉尼大学	悉尼大学与行业的研发合作项目	与产业界紧密合作，推动技术研发和成果转化
北美	麻省理工学院	MIT（麻省理工）创新创业中心的建设	构建了一个综合性的创新生态系统，倡导跨学科合作和企业家精神
欧洲	剑桥大学	剑桥大学科技园的建设	通过科技园集聚科研机构、企业和风险投资机构，形成强大的创新和商业化生态
亚洲	新加坡国立大学	新加坡国立大学与企业的研发合作项目	构建强大的产学研合作网络，推动科研成果的实际应用和商业化
非洲	开普敦大学	开普敦大学科技转移办公室的建立	提供专业的技术转移服务，支持本地企业和创业者利用大学的科研成果

这些案例反映了不同大学在推动技术转移与成果转化方面的多样化策略与实践。通过与各方建立合作关系、构建创新支持体系、利用孵化器模式和政府支持等手段，大学在推动科研成果服务社会和产业创新方面发挥了重要作用。这些经验为其他教育和研究机构提供了宝贵的借鉴，并为全球科技创新和商业化的未来发展奠定了坚实的基础。

5.3.1　技术转移与成果转化的成功因素与关键点

从斯坦福大学、剑桥大学、清华大学和北京大学等成功案例中，我们可以总结出以下几个关于技术转移与成果转化的成功因素与关键点。

（1）紧密合作与产业界互动

这些成功案例突出了与产业界进行深度合作的重要性。通过建立紧密的合作和互动模式，大学能够有效地将科技成果转化为实际应用。这种合作不仅加快了成果的商业化进程，而且为实践教学和人才培养提供了宝贵机会，从而进一步提高了大学的科研能力和教育质量。与产业界的紧密合作还有助于大学及时掌握市场需求和行业动态，为科研活动提供更为精准的方向。

（2）完善的支持体系与服务平台

成功案例中的大学都建立了完善的支持体系和服务平台，为科技成果的评估、孵化及商业化提供了全面的服务。技术转移平台、孵化器和加速器、投融资机构等的专业支持，降低了创业门槛和风险，从而提高了科技成果转化的成功率。

（3）创新文化和氛围

营造创新文化和氛围是推动技术转移与成果转化的又一关键因素。通过鼓励创新精神和发挥实践能力，大学可以有效地推动科技成果的转化和商业应用。充满活力的创新文化不仅能吸引优秀人才和企业，而且能够帮助形成有利于创新的生态系统和产业链。

（4）政府支持与政策引导

政府在技术转移和成果转化过程中起着至关重要的作用。政府通过出台资金支持、税收优惠等政策措施，为技术转移创造了良好的外部环境。此外，政府与企业、大学和研究机构的合作有助于推动科技创新和产业发展，同时降低技术转移的风险和成本，提高科技成果转化的效率和成功率。

（5）知识产权保护和管理

在技术转移过程中，建立完善的知识产权保护和管理制度至关重要。确保科技成果的合法权益得到有效保护，是促进科技成果转化为实际应用的前提。合理的知识产权分配和转让机制能够激发创新主体的积极性和创造力，推动科技成果的持续创新和转化。

通过深入分析这些成功案例，我们可以明白，构建紧密的产业合作关系、建立完善的支持体系、营造创新文化、利用政府支持和政策引导，以及确保知识产权的有效保护和管理，是推动技术转移与成果转化成功的关键因素。这些因素不仅对于大学和研究机构有着重要的启示意义，也为其他机构的科技创新和商业化道路提供了宝贵的经验和参考。

5.3.2　对我国大学技术转移与成果转化的借鉴意义

对于我国大学而言，技术转移与成果转化是推动科技创新和经济发展的重要途径。基于国内外大学在这一领域的成功经验，我们可以从以下几个方面入手，进一步优化这一过程。

（1）加强与产业界的合作与交流

我国大学应积极探索与产业界的合作模式，包括共同开展研发项目、共建研究实验室等，促进产学研深度融合。这种合作不仅可以加快科技成果的商业化进程，还能确保研发活动紧跟市场需求和行业发展趋势。

（2）构建完善的支持体系与服务平台

通过建立技术转移平台、孵化器、投融资机构等，为科技成果的评估、孵化和商业化提供全方位的支持。同时，制定相应的激励政策，鼓励师生参与到科技成果的转化过程中，从而提高转化效率和成功率。

（3）营造创新文化和氛围

通过组织创新创业大赛、技术交流会等活动，激发师生的创新精神和实践潜力。此外，加强与校友的联系和合作，充分利用校友资源和网络，共同推动科技成果的商业化应用。

（4）积极争取政府支持与政策引导

与政府部门建立良好的合作关系，争取政府在资金、政策等方面的支持。例如，通过与地方政府合作建立产业园区，共同推进研发项目，将科技成果有效转化为生产力，为地方经济的创新和发展提供动力。

通过综合运用这些策略和措施，我国大学可以更有效地推动技术转移与成果转化，为国家经济的创新发展作出更大贡献。同时，这也为我国大学在全球科技创新和商业化领域的竞争中占据更有利的地位提供了可能。

第6章

大学技术转移与成果转化的挑战与对策

6.1 技术转移中的知识产权保护问题

技术转移中的知识产权保护问题是一个复杂且重要的议题（图 6-1）。随着科技创新的不断发展，知识产权的重要性日益凸显，但随之而来的侵权行为也屡见不鲜。因此，对知识产权保护的法律制度与实践，以及技术转移中的知识产权纠纷与解决机制进行深入探讨，对于推动科技成果的有效转化具有重要意义。

图 6-1　技术转移中的知识产权保护问题示意

6.1.1 知识产权保护的法律制度与实践

知识产权保护的法律制度和实践对于确保创新成果得到合理保护和有效利用至关重要。我国已经构建了相对完善的知识产权法律框架，包括但不限于专利法、著作权法、商标法等。这些法律和法规为保护知识产权提供了坚实的法律基础，确保了创新者的劳动成果得到应有的尊重和保护。国内外知识产权保护的法律渠道见表 6-1。

国内外知识产权保护的法律渠道　　　　　　　　　　表 6-1

范围	法律渠道	主要内容
国际	世界知识产权组织（WIPO）	管理国际专利合作体系，推动知识产权在全球范围的协调与发展
	TRIPS 协议	旨在通过设立最低标准，保护世界范围内的知识产权
欧洲	欧洲专利公约	确立了欧洲的专利保护制度，实行单一专利制度
	欧洲专利局（EPO）	管理欧洲专利公约的实施，负责欧洲的专利审查和授予
美国	美国专利法 (USPTO)	管理美国专利制度，审查和颁发专利，维护专利的有效性
	美国版权法（U.S. Copyright Law）	保护原创作品，规定版权所有者的权利和保护期限
中国	专利法	确立了中国的专利制度，包括专利的申请、审查和保护
	商标法	确立了商标的注册和保护制度，保障商标所有者的合法权益
	著作权法	保护文学、艺术等作品的著作权，规定著作权的获取和保护条件
	网络安全法	强化对互联网知识产权的保护，规范网络版权和商标的运营
	反不正当竞争法	禁止不正当竞争行为，包括虚假宣传、商业诋毁等，维护市场秩序

在知识产权保护体系中，专利保护机制扮演着至关重要的角色。专利法细致地规定了专利的申请、审查、授权和保护等详细程序，为发明创造提供了法律上的保护。在我国，专利保护的主要责任机构是中国国家知识产权局。除了专利法，还有《专利审查指南》等相关法规，它们都是我国知识产权保护的法律体系的重要组成部分。

商标保护体系也是知识产权保护中不可或缺的一环。商标法规定了商标的注册、保护以及侵权行为的判定等方面的内容，国家市场监督管理总局商标局负责商标的保护工作。通过申请注册商标，商

标的权利人可以获得专有的使用权，并且可以对其商标进行法律上
的保护。

著作权保护同样是知识产权保护的重要领域。著作权法规定了著作
权的保护范围、权利内容及权利的限制等，确保了著作权人对其作品
拥有包括署名权、修改权、复制权在内的一系列权利。

在实际的操作中，知识产权持有人可以通过多种合法途径来使用自
己的知识产权，包括但不限于授权、许可或转让等方式。为了更好地
保护和管理自己的知识产权，持有人需要密切关注自己知识产权的状
态，加强保护和管理，以防止发生侵权行为。然而，在现实的执行过程中，
仍然存在一些问题和挑战。一方面，法律的执行力度有待加强，一些
侵权行为未能得到及时有效的制止和处理；另一方面，部分法律法规尚
处于不完善状态，存在一些模糊地带，给侵权行为留下了可乘之机。

为了完善知识产权保护的法律制度并加强实践，我们可以采取以下
几个方面的措施：首先，进一步完善法律法规，填补法律空白和模糊地
带，为创新主体提供更加明确和有力的法律保障；其次，加强执法力度，
严厉打击侵权行为，提高实施侵权行为的成本和风险，确保知识产权
得到有效的保护；最后，加强知识产权宣传教育，提高全社会的知识产
权意识和法律素养，为创新和发展提供有力的保障。

6.1.2　技术转移中的知识产权纠纷与解决机制

在技术转移过程中，知识产权保护问题是一个极其重要且复杂的议
题。为了确保科技成果能高效转化并得到合理利用，不仅需要完善知
识产权的法律制度并加强实践，还需要建立一个全面而有效的知识产
权纠纷解决机制。同时，也需要全社会的共同努力，提高公众对知识
产权重要性的认识以及相关的法律素养，共同营造一个促进创新的良
好环境。

技术转移的各个阶段涉及复杂的法律问题和多方的利益冲突，因
此知识产权纠纷的发生几乎是不可避免的。这些纠纷不仅损害了创新

各方利益冲突、制定合理的分配制度和激励机制、建立有效的监督机制等措施，可以建立一个公平、透明、有效的利益分配机制，促进技术转移和成果转化的顺利进行。

6.2.1 技术转移中的利益冲突与平衡

技术转移是一个涉及多个利益相关方的复杂过程,包括技术提供方、技术接受方、投资者、政府等。这些利益相关者之间的利益关系错综复杂，既包含共同利益，也存在潜在的利益冲突。例如，技术提供方可能更注重技术的长期发展和知识产权保护，而技术接受方则可能更关注技术的商业潜力和短期回报。这些差异化的利益诉求在技术转移过程中往往导致利益冲突，这不仅影响技术转移的顺利进行，还可能威胁到整个合作项目的顺利推进。

技术转移中出现的利益冲突，需要通过综合的措施来加以平衡和解决，具体包括以下方面。

（1）明确各方角色和贡献，建立公正的利益分配机制

通过详细的协议和合同来明确各方在技术转移过程中的权益和责任，建立一个公平合理的利益分配机制，确保每一方的贡献和收益相匹配。

（2）加强知识产权保护和管理

确保技术提供方的知识产权得到充分的保护和尊重，包括加强知识产权的申请、审查、保护和维权工作，防止侵权行为的发生。

（3）利用政府政策引导和制度设计

政府可以通过税收优惠、资金扶持等政策来鼓励技术转移，同时建立公共服务平台和技术转移中介机构，促进技术转移的市场化和专业化发展。

（4）加强利益相关方之间的沟通和合作

建立有效的沟通机制，增进彼此间的理解和信任，共同协商解决利益分配和技术实施等问题，减少因误解或信任缺失而导致的冲突。

（5）进行技术价值的客观评估

利用专业的技术评估机构对技术的价值进行客观公正的评估，减少因价值认知存在差异而导致的利益冲突。

通过上述措施，可以有效地平衡技术转移中各方的利益，为科技成果的有效转化和技术进步的发展创造良好条件。技术转移利益冲突中需要平衡的要点及注意事项见表6-2。

技术转移利益冲突的平衡要点及注意事项　　表6-2

要点	注意事项
利益分配机制	明确角色和贡献，合理分配利益，确保合作的公正性
知识产权保护	加强知识产权的管理，确保技术提供方的权益得到保护
政策引导和制度设计	利用政府政策和制度引导技术转移，促进市场化和专业化发展
沟通和合作	增强利益相关方间的沟通和合作，减少误解和冲突
技术价值评估	采用客观公正的方式评估技术价值，减少价值认知差异

平衡技术转移中的利益冲突需要各方的共同努力和密切合作，上述措施的实施，可以促进技术转移的顺利进行，推动科技成果的有效转化和技术的进步。

6.2.2　利益分配的制度设计与激励机制

合理的利益分配机制是技术转移成功的核心要素，它既能激发创新活力，又能确保所有参与方的权益得到保障。因此，设计一个既公正又有效的激励机制和利益分配制度至关重要，它能极大地提升技术转移的效率和成功率。

（1）建立公平、透明的利益分配机制

要确保利益分配机制公正合理，需要明确界定技术转移过程中各参与方的角色、责任和贡献，并据此制定公平的利益分配方案。利益分配方案应充分考虑技术提供方、接受方、投资者等各方的利益和诉求，确保每一方都能从技术转移中获得合理的回报。

（2）加强知识产权保护

知识产权的保护对于确保技术提供方利益至关重要。应通过加强知识产权申请、审查、维权等工作，构建完备的知识产权保护体系。在技术转移过程中，还需明确界定知识产权的归属、使用权和许可方式，预防潜在的产权纠纷。

（3）发挥政府政策引导和资金扶持作用

政府可以通过税收优惠、资金扶持等方式鼓励技术转移活动。同时，政府还可以通过设立专项基金、提供贷款担保等措施，为技术转移项目提供必要的资金支持。

（4）建立有效的项目管理和考核机制

项目管理应以目标为导向，明确各阶段的成果和进度要求。通过建立科学的考核评价体系，对项目的实施情况进行定期评估，根据评估结果实施奖惩措施，激发参与各方的积极性。

（5）提供非经济激励

除了经济激励，非经济激励也是推动技术转移的重要手段。提供培训机会、职业发展路径、荣誉表彰等，能够满足创新人才的多样化需求，提高他们的工作满意度和忠诚度，从而促进技术转移的顺利进行。

通过建立公平、透明、合理的利益分配机制，加强知识产权保护，政府政策引导和资金扶持，建立有效的项目管理和考核机制以及提供非经济激励等方式，不仅能够有效解决利益分配中的问题，还能激发参与各方的创新热情和合作动力，推动科技成果的有效转化，加速科技进步和经济发展。

6.3　促进大学技术转移的政策建议与制度创新

大学作为科技创新的重要源头，其技术转移对于推动社会经济发展和科技进步具有重要意义。然而，目前大学技术转移面临诸多挑战，如法律制度不完善、组织管理不顺畅、融资渠道有限等。因此，需要制定有效的政策并进行制度创新来促进大学技术转移的顺利进行。

6.3.1 加强技术转移的法律保障与政策支持

加强技术转移的法律保障与政策支持是促进技术转移、激发创新活力、推动经济增长的关键。政府作为技术转移的重要推动者，需要从多个层面入手，包括完善法律法规、制定激励政策、加强知识产权保护、促进产学研合作以及强化技术转移服务等。这些措施相互配合，能够构建一个健康、活跃、高效的技术转移生态系统，促进技术创新和经济社会的持续发展。

（1）完善法律法规

政府应该不断完善和更新技术转移相关的法律法规，确保其与时俱进，能够应对新的技术和市场挑战。法律法规的完善需要明确界定技术转移过程中各方的权利、义务和责任，包括但不限于技术的权益归属、价值评估方法、违约责任等。这些明确的法律规定能够为技术转移提供法律指引和保障，减少法律风险和不确定性，增强各方的信心和积极性。

（2）制定激励政策

政府可以通过各种激励政策，如税收优惠、资金补贴、奖励机制等，激发企业和科研机构参与技术转移的积极性。同时，激励政策应充分考虑技术转移过程中的成本和风险，通过降低成本、分担风险等方式，鼓励更多的企业和科研机构参与技术转移，加快技术的应用和产业化进程。

（3）加强知识产权保护

知识产权保护是技术转移中的核心环节，对激励技术创新、保护创新成果、推动技术转移具有至关重要的作用。政府需要通过加强知识产权的宣传、教育、申请、审查、维权等工作，提高全社会的知识产权保护意识和能力。同时，加强国际合作和交流，共同打击知识产权侵权行为，构建一个更加健康和有序的全球知识产权保护环境。

（4）促进产学研合作

产学研合作是技术创新和技术转移的重要途径。政府应积极推动和支持企业、高校和科研机构之间进行合作，建立合作平台，共享资源，实现优势互补。通过产学研合作，可以加快技术成果的产业化进程，提高技术转移的成功率和经济效益。

（5）强化技术转移服务

政府应加强对技术转移服务机构的支持，提供全方位的技术转移服务，包括但不限于技术评估、市场调研、融资支持、法律咨询等。这些服务能够为技术转移提供专业的指导和支持，降低技术转移的门槛和难度，提高技术转移的效率和成功率。

6.3.2　优化技术转移的组织架构与管理模式

在技术转移的过程中，优化组织架构与管理模式是提升转移效率和成功率的决定性因素。为了实现这一目标，需采纳一系列多元化且协同的策略。具体而言，设置专业高效的转移机构、明确相关方的职责分工、制定科学的成果评估标准、加强产学研合作、完善激励机制及建立信息共享平台等措施，共同作用于提高技术转移的效率与质量，促进科技成果的高效转化。这不仅可以深化科技创新与经济发展的融合，而且对社会的可持续发展具有推动作用。

首先，设置一个专业且高效的技术转移机构是核心。该机构应具备丰富的专业知识、经验及协调能力，策划、组织和管理技术转移活动。与此同时，机构应与科研人员、企业等利益相关方建立紧密合作关系，推动科技成果的高效转化。机构需对市场动态保持敏锐洞察力，及时调整策略以抓住商机。

其次，明确各方职责分工是提高效率的关键。在技术转移过程中，科研人员、技术转移机构和企业等各方应各负其责，共同推动科技成果的商业化。通过明确的职责分工，避免资源浪费和重复劳动，提高技术转移的效率和质量。

此外，制定科学的科技成果评估标准是保证转移质量的基石。评估标准应综合考量科技成果的创新性、实用性、市场前景等要素，为技术转移提供坚实的决策基础。同时，该标准需具备适应性和可调整性，以适应市场的变化和技术的进步。

加强产学研合作是促进技术转移的重要途径。高校应与企业、研究机构等相关方深度合作，实现资源共享和优势互补，提高技术转移的成功率。此外，各方共同制定技术转移计划和目标，建立长期稳定的合作关系，为未来发展奠定基础。

为了激发科研人员参与技术转移的热情，完善激励机制也至关重要。设立科技成果转化奖励制度，对作出突出贡献的科研人员给予物质和精神奖励；将技术转移成果纳入科研人员的绩效考核和职称评定体系，提高其参与技术转移的动力。同时，通过提供培训和交流机会，提升科研人员的技术转移能力。

建立信息共享平台，促进技术转移的合作与交流。该平台可以集科技成果展示、技术需求对接、合作交流于一体，便于各方快速掌握科技成果的最新进展和市场动态，发掘商机，推动科技成果的有效转化。

建立产业联盟和创新生态系统是优化组织架构的重要环节。通过政府、企业、研究机构等共同努力，形成协同创新的合力。全社会的共同参与将促进科技成果更好地服务于产业发展和社会需求。

采用灵活的项目管理方法，优化技术转移的管理模式。在技术转移项目中采用敏捷项目管理等灵活方法，及时调整项目计划，快速响应市场变化，提高项目的适应性和灵活性，更好地应对技术转移的复杂环境。

加强对人才的培训与引进，优化组织架构与管理模式。建设专业的技术转移团队，培养具有丰富经验和创新思维的人才，同时引进具有国际视野的专业人才，提升技术转移团队的整体素质，适应国际化的技术合作与交流。

6.3.3　建立多元化的技术转移融资渠道

在技术转移的进程中，资金支持的充裕与否直接关系到项目的成败。为了充分支持科技成果的商业化，构建一个多元化的融资渠道显得尤为关键。这需要政府、企业、投资机构及社会各界共同参与和努力。通过综合运用多种融资方式，不仅可以满足不同阶段和领域的技术转移项目的资金需求，还能有效推动科技成果的商业化进程，并促进经济社会的可持续发展。

政府在此过程中扮演着主导角色。通过设立专项资金、提供贷款担保、实施税收优惠等政策措施，政府能为技术转移项目注入稳定的资金流。这样的资金支持不仅减轻了项目的风险负担，提升了其成功的可能性，还能吸引更多的社会资本投入。

企业作为技术转移的关键参与方，应积极投资于那些具有市场潜力和商业价值的项目。企业的投资不仅能带来市场化的运作机制和资源整合能力，还能加快科技成果的商业化步伐。通过企业的参与，技术与市场的有效对接得以实现，从而推动科技成果向产业化迈进。

同时，引入风险投资和私募股权投资亦是构建多元化融资渠道的重要策略。这些投资不仅为技术转移项目提供必要的资金支持，还带来了战略规划、经营管理等多方面的增值服务。具备丰富经验和资源的投资机构能为项目提供更全面的支持，进一步加快科技成果的商业化进程。

众筹融资作为一种新兴的融资模式，为技术转移项目开辟了广阔的资金来源渠道。通过众筹，项目的创新理念和市场需求得到有效匹配，吸引了广泛的社会关注和支持，共同促进科技成果的商业化。此外，众筹还增加了项目的公众曝光度，提升了社会对技术转移的整体关注度。

金融机构所提供的贷款服务也是不可或缺的融资渠道。金融机构能为技术转移项目提供贷款支持，满足其在研发、生产和市场推广等各环节的资金需求。与金融机构的合作保障了资金支持的稳定性，为项目的长期发展提供了坚实的基础。

　　建立专门的技术转移基金是实现融资渠道多元化的又一关键措施。由政府、企业和投资机构等多方出资设立的技术转移基金，专注于为技术转移项目提供长期且稳定的资金支持。通过专业的投资运作和管理，技术转移基金不仅保证了基金本身的保值增值，还为更多技术转移项目的资金需求问题提供了解决方案。

　　上述多管齐下的融资策略，可以为技术转移的顺利进行提供坚实的资金支持，促进科技成果的商业化，进而推动经济社会的全面发展。

第 7 章
未来展望与研究方向

7.1 技术转移与成果转化的未来趋势

技术创新的加速化和全球化趋势是未来技术转移与成果转化的重要方向。各方应积极应对挑战、把握机遇、加强合作、优化管理、提高效率，共同推动科技成果的有效转化，为经济社会的可持续发展注入强大动力（图 7-1）。

图 7-1　技术转移与成果转化的未来和展望示意

7.1.1　技术创新的加速化与全球化趋势

在当前科技发展的态势下，技术创新步伐不断加快，新技术不断涌现，使得技术转移与成果转化的周期大大缩短。这一趋势要求及时跟进和应用新技术，对科技领域提出了更高的要求。同时，全球化的推进使得技术转移不再局限于特定地区或国家，国际技术交流与合作成为常态。这为技术转移提供了更广阔的发展空间和机会，但也带来了更为激烈的竞争和更大的挑战。

技术创新的加速导致技术转移的节奏不断加快。各行业在科技领域取得了突破性进展，推动技术进步和转型升级。随着创新生态的完善和产业链的协同发展，技术的研发、应用和商业化过程变得更为迅速，为企业提供了更多的技术转移机会。

全球化趋势使得技术转移更加开放和多元。跨国公司、国际技术转移机构以及各类创新网络在全球范围内展开合作，共同推动技术创新和成果转化。这一全球化趋势促进了技术知识的共享和传播，使得技术转移更加便捷高效。

然而，全球化趋势也带来了一些挑战。技术竞争、知识产权保护等问题可能影响技术转移和成果转化的顺利进行。因此，各方应加强合作、建立互信、解决分歧，共同应对这些挑战，推动技术转移和成果转化的可持续发展。

7.1.2 技术转移的政策环境与市场机遇

技术转移作为将某项应用于起源地或实践领域的技术转而应用于其他地方或领域的过程，在政策和市场方面面临着机遇和挑战。为了促进技术转移的发展，政府、企业和其他各方需要共同努力，加强合作、优化管理、提高效率，共同推动科技成果的有效转化。同时，建立健全的政策环境和市场机制也是关键，这可以为技术转移提供良好的发展环境。

在政策方面，技术转移受益于不断优化的政策环境。政府通过制定各种政策和计划，为技术转移提供全方位的支持。例如，设立专项资金、制定税收优惠政策、提供公共服务等措施有效激发了创新活力，促进了科技成果的转化和产学研的结合。然而，技术转移也面临一些政策方面的挑战，如知识产权保护等问题需要进一步得到解决，政府在技术转移中的引导和支持角色也需要进行明确。

在市场方面,技术转移面临着巨大的机遇。随着经济的发展和消费需求的升级,市场对科技创新的需求不断增加,尤其在人工智能、生物技术、新能源等领域。通过与跨国公司合作或直接投资,技术转移可以帮助发展中国家提升生产力和竞争力,增强其创新能力。然而,市场竞争激烈,新技术需要经过市场验证和适应变化的过程。因此,技术转移需要加强与市场的对接,提高技术的市场竞争力,实现科技成果的有效转化。

7.2 大学在技术转移中的新角色与新挑战

新兴技术在技术转移中具有重要性和挑战性。大学需要积极应对挑战、把握机遇、加强合作、优化管理、提高效率,共同推动科技成果的有效转化。同时,也需要建立健全的政策环境和市场机制,为新兴技术的转移和应用提供良好的发展环境。

7.2.1 新兴技术在技术转移中的重要性与挑战

随着科技的飞速发展,新兴技术如人工智能、区块链、物联网等逐渐崭露头角,成为技术转移的重要领域。这些新兴技术具有巨大的潜力和市场前景,为经济社会的发展带来了新的机遇和挑战。

新兴技术在技术转移中的重要性不言而喻。新兴技术代表着未来的发展方向,具有颠覆性和跨界性的特点,能够为经济社会发展带来巨大的变革。通过技术转移,新兴技术可以应用于实际生产和生活,推动产业升级和经济发展。同时,新兴技术的转移和应用也有助于提升大学的科研实力和创新能力,促进学术研究的进步。

新兴技术在技术转移中也面临着诸多挑战。首先,技术的复杂性和专业性要求技术转移的各方具备较高的技术素养和专业知识。这需要大学加强技术培训和技术服务,提高技术转移的效率和成功率。其次,新兴技术的商业应用需要大量的资金支持和资源投入。大学需要与企业、政府和社会资本等各方建立紧密的合作关系，共同推动技术的商业化进程。此外，新兴技术的转移和应用还涉及伦理、隐私和安全等问题。大学需要关注这些问题，并采取相应的措施来保障技术的合法合规应用。

具体来说，新兴技术在技术转移中的挑战包括以下几个方面。

（1）技术成熟度与可扩展性

新兴技术往往还在发展阶段，尚未完全成熟。技术的稳定性和可靠性可能还需要进一步验证和改进。此外，如何将这些新兴技术应用到实际生产中，并实现大规模的扩展，也是一个需要克服的挑战。

（2）资金与资源需求

新兴技术的研发和应用需要大量的资金支持和资源投入。资金和资源的不足可能会限制技术的发展和应用。因此，大学需要与企业、政府和社会资本等各方合作，共同解决资金和资源的问题。

（3）数据安全与隐私保护

新兴技术的应用往往涉及大量的数据收集和处理，如何保障数据的安全性和隐私性是一个重要的问题。大学需要采取有效的措施和技术手段来保护数据的安全和隐私，避免数据被滥用或泄露。

（4）伦理和公平性问题

新兴技术的发展和应用可能引发一些伦理和公平性的问题。例如，人工智能可能导致就业机会的不平等分配，区块链的匿名性可能被用于非法活动。大学需要关注这些问题，并采取相应的措施来解决伦理和公平性的问题。

（5）技术与市场的对接

新兴技术的商业应用需要与市场需求对接。如何将技术与市场相结合，满足消费者的需求和提高竞争力是一个关键的问题。大学需要加强与企业的合作与交流，了解市场需求和技术发展趋势，推动技术与市场的有效对接。

在新兴技术的技术转移中，大学作为科研和创新的重要机构，扮演着关键的角色。大学需要加强与企业、政府和社会资本等多方面的合作，共同推动新兴技术的技术转移。通过建立科技成果转移机构、加强技术培训和服务，大学可以提高技术转移的效率和成功率。此外，大学还需要关注新兴技术的技术转移中的伦理、隐私、安全等问题，采取相应的措施来保障技术的合法合规应用。

总体而言，新兴技术的技术转移既面临着重大的机遇，也面临着一系列挑战。只有政府、企业、大学等各方共同努力，加强合作、优化管理、提高效率，才能共同推动科技成果的有效转化，促进新兴技术的可持续发展。

7.2.2 技术转移中的人才需求与培养模式变革

随着科技的快速发展和产业结构的调整，技术转移逐渐成为推动经济社会发展的重要力量。在这一过程中，人才的作用愈发凸显。技术转移不仅需要具备专业知识和技能的人才，还需要具备创新思维、创业精神和国际化视野的复合型人才。因此，培养模式的变革显得尤为重要。

技术转移中的人才需求与培养模式变革是一个系统工程。大学、企业、政府和社会应共同努力，深化产教融合、校企合作，优化课程设置和实践环节，激发学生的创新思维和创业精神，培养具备专业知识和技能、创新思维、创业精神和国际化视野的复合型人才。同时，应当创造良好的政策环境并建立健全的市场机制，为人才培养和技术转移提供良好的发展环境，各方也应共同推动科技成果的有效转化，促进经济社会的可持续发展。

（1）技术转移需要专业知识和技能扎实的人才

这类人才应具备深厚的理论基础和较高的技术水平，能够准确把握技术的核心原理和应用方向。同时，他们还应具备将技术应用于实际生产的能力，实现技术的商业价值。为了满足这一需求，培养模式中应加强专业课程和实践环节的设置，提高学生的理论素养和实践能力。

（2）技术转移呼唤具有创新思维和创业精神的人才

这类人才应具备敏锐的市场洞察力，善于捕捉商机，勇于开拓创新。他们应具备强烈的创业精神，敢于承担风险，善于整合资源，将创新的想法付诸实践。培养模式中应注重激发学生的创新思维和创业精神，通过开展创新创业教育、实践项目等方式，培养学生的创新意识和创业能力。

（3）技术转移需要具备跨学科和跨领域的人才

随着多学科交叉融合的趋势日益明显，技术转移往往涉及多个领域的知识和技术。这类人才应具备宽广的知识面和跨学科的视野，能够理解和把握不同领域的技术和商业趋势。培养模式中应加强跨学科的合作与交流，打破学科壁垒，促进人才对知识的融会贯通。

（4）技术转移需要具备国际化视野的人才

在全球化的背景下，技术转移日益呈现出国际化的趋势。这类人才应具备国际化的视野和跨文化交流的能力，能够参与国际技术转移和合作，推动技术的全球传播和应用。培养模式中应加强国际化教育和实践，提高学生的国际交流能力和跨文化素养。

7.3　对未来研究的建议与展望

随着科技的快速发展和产业结构的调整，技术转移在经济社会中的作用愈发凸显。为了更好地推动技术转移的发展，未来研究中应加强技术转移的理论研究与实践经验的总结，关注新兴技术在技术转移中的应用与发展趋势，推动技术转移与其他领域的交叉融合。通过深入探究和不断创新，为技术转移的发展提供有力的支持和保障，共同推动科技成果的有效转化，促进经济社会的可持续发展。对未来研究提出以下建议与展望。

7.3.1 加强技术转移的理论研究与实践经验的总结

技术转移在推动科技进步、产业升级以及经济增长方面扮演着至关重要的角色。加强技术转移的理论研究与实践经验的总结是推动技术转移发展的关键环节。然而，要充分发挥技术转移的潜力，我们首先需要对其有深入、全面的理解。因此，加强技术转移的理论研究与实践经验的总结显得尤为重要。

（1）建立完善的理论体系

理论是指导实践的灯塔。对于技术转移而言，一个系统的理论框架有助于我们更好地理解其内在逻辑和运作机制。这不仅涉及基础原理的研究，还包括对技术转移过程中的各种影响因素、作用机制以及成功与失败的因素进行深入剖析。

（2）案例研究的价值

成功的案例往往能为我们提供宝贵的启示。通过深入研究那些成功的、具有代表性的技术转移案例，我们可以从中提取共性要素和成功路径，为其他类似的技术转移提供参考和借鉴。

（3）实践经验的交流与共享

实践是检验真理的唯一标准。来自不同背景和领域的实践者都拥有宝贵的经验。建立一个平台，让这些经验得以交流和分享，可以促进知识互补，加快技术转移的进程。

（4）学术界、产业界与政府的协同合作

推动技术转移需要多方面的共同努力。学术界可以提供理论支持和实践指导，产业界可以提供实践经验和市场信息，而政府则可以提供政策支持和资金扶持。加强三方的合作与交流，可以形成强大的合力，共同推动技术转移的发展。

（5）培养专业人才

人才是推动技术转移的核心动力。通过系统的教育和培训，我们可以培养出一批既懂理论又懂实践的专业人才，为技术转移的持续发展提供源源不断的人才支持。

7.3.2　关注新兴技术在技术转移中的应用与发展趋势

新兴技术的不断涌现为技术转移提供了新的动力和机遇。未来研究应密切关注新兴技术在技术转移中的应用和发展趋势，深入探究新兴技术如何促进产业升级和经济发展。关注新兴技术在技术转移中的应用与发展趋势对于更好地应对这一趋势至关重要。

（1）跟踪新兴技术动态

持续关注全球范围内的新兴技术发展动态，了解新技术在各个领域的应用情况。这有助于及时发现具有潜力的技术，为技术转移提供新的方向和机会。

（2）探索应用场景

针对新兴技术，积极探索其在技术转移中的应用场景和可能性。研究新技术如何解决现有技术的痛点和难点，以及如何提升技术转移的效率和效果。

（3）建立合作与交流机制

与新兴技术的研发机构、高校和企业在技术转移方面建立合作与交流机制。通过合作，共同推进新兴技术在技术转移中的应用和推广，分享成功经验和解决方案。

（4）开展实证研究

对于已经在技术转移中得到应用的新兴技术，进行实证研究，评估其实际效果和影响。通过对实证数据的分析，了解新兴技术在技术转移中的优势和不足，为进一步优化提供依据。

（5）预测未来趋势

基于对新兴技术的深入了解和研究，预测其在技术转移中的未来发展趋势和方向。这有助于提前布局和准备，抢占技术转移的先机。

（6）加强培训和教育

针对新兴技术在技术转移中的应用，加强培训和教育活动。提高相关人员的技能和知识水平，培养一支具备新技术应用能力的专业团队。

（7）制定政策与支持措施

政府和企业应制定相应的政策与支持措施，鼓励新兴技术在技术转移中的应用和发展。提供资金支持、税收优惠等激励措施，促进新兴技术的创新和应用。

关注新兴技术在技术转移中的应用与发展趋势对于推动技术转移的进步至关重要。通过跟踪新兴技术动态、探索应用场景、建立合作与交流机制、开展实证研究、预测未来趋势、加强培训和教育以及制定政策与支持措施等，我们可以更好地把握新兴技术的发展方向，推动其在技术转移中的广泛应用和创新发展。此外，未来研究还应注重技术转移与其他领域的交叉融合，如创新创业、人才培养、国际合作等。通过跨学科的研究和实践，拓展技术转移的领域和范围，为经济社会的可持续发展提供更多的支持和帮助。